이혼에 대처하는 유능한 부부양성

'이혼'은 남의 일일 것만 같은
'미혼'과 '신혼'들에게
또한 이 세상의 모든 부부들에게

이혼에 대처하는 유능한 부부양성

'이혼'은 남의 일일 것만 같은
'미혼'과 '신혼'들에게
또한 이 세상의 모든 부부들에게

초판 1쇄 펴낸 날 | 2021년 2월 26일

지은이 | 명랑행복부부연구소, 주복
펴낸이 | 홍정우
펴낸곳 | 브레인스토어

책임편집 | 박진홍
편집진행 | 양은지, 박혜림
디자인 | 참프루, 이유정
마케팅 | 김에너벨리

주소 | (04035) 서울특별시 마포구 양화로 7안길 31(서교동, 1층)
전화 | (02)3275-2915~7
팩스 | (02)3275-2918
이메일 | brainstore@chol.com
블로그 | https://blog.naver.com/brain_store
페이스북 | http://www.facebook.com/brainstorebooks
인스타그램 | https://instagram.com/brainstore_publishing

등록 | 2007년 11월 30일(제313-2007-000238호)

ISBN 979-11-88073-65-8 (03590)

이혼에 대처하는 유능한 부부양성

'이혼'은 남의 일일 것만 같은
'미혼'과 '신혼'들에게
또한 이 세상의 모든 부부들에게

명랑행복부부연구소 쓰고
주복 그리다

bs
브레인스토어

전쟁의 전조:
고민과 후회를 반복하고 있다면

Case 1 • 나는 결혼식 일주일 전에 파혼했다

"결혼이 애들 장난도 아니고…."

결혼의 과정은 생각보다 복잡하다. 실제 결혼을 결심하고 구체적 행동으로 옮기기 전에는 상상하지도 못했던 자잘한 일들이 많다. 청첩장 디자인 하나를 선택하는 것조차 쉽지 않다. 결혼 당사자들의 마음을 조율하는 일도 복잡한데, 때로는 양가 어른들의 의중까지 고려해야 하는 일이 많다. 디자인을 정하니 청첩장 문구라는 또 하나의 벽을 만난다. 어차피 청첩장을 받는 이에겐 날짜, 시간, 장소 외에 중요한 부분이 아니지만 모든 부분에 정성을 들이고, 특별한 의미를 부여하고픈 우리에게는 마치 산더미처럼 쌓인 숙제를 하는 기분이다. 하나하나 헤쳐나가다 보면 끝이 보일까? 정신적 부담이 끝이 아니다. 청첩장을 일일이 접어 봉투에 넣어 우편으로, 혹은 모바일로 전달하고, 또 거추장스러운 식사 자리를 만들어 직접 전달하는 과정이 기다리고 있다. 모든 과정은 복잡하고, 번거로우며 민망하다. 청첩장은 수많은 과제의 일부분에 불과하다. 시간과 정성 그리고 스트레스를 들여 전달한 청첩장이었지만, 당장 다음 주 주말에 펼쳐질 결혼식이 취소되었다는 사실을 알리는 과정은 의외로 간단했다. 물론, 말로 표현하기 힘든 정신적 고통과 현실적 후폭풍이 기다리고 있었지만 말이다.

의외로 많은 이들이 결혼식장으로 향하는 길에서도 '여기서 멈출까'라는 고민을 한다. 자신의 인생을, 지금까지 내 삶을 함께한 가족의 인생을 송두리째 바꿀 결정의 순간이다. 더 치열하게 고민하고 냉정하게 판단했어야 할 결정을 무언가에 쫓기듯 떠밀려 수개월을 보내는 것이 일반적이다. 당장 코앞에 닥친 결혼식. 지금까지 지출한 엄청난 비용과 내적 갈등에 발목을 잡혀 과감한 결단을 내리지 못했다. 어쩌면 평생을 고통과 불행 속에 보내야 함을 알고 있음에도 불구하고 말이다. 무엇이 더 고통스러울까? 다시 벌면 그만인 돈. 그리고 다시 찾기 힘든 나의 삶. 시간이 지나면 모든 것은 잊힌다. 누군가의 술자리에서 안줏거리로 회자될 수도 있겠지만 말이다.

결국 결혼식을 불과 이틀 앞두고 모든 것을 원점으로 돌린 사건 탓에 나는 괴로움에 빠졌다. 스스로의 마음을 돌볼 여력도 없었지만, 가족을 먼저 돌봐야 했다. 지옥으로 떨어진 것 같은 순간이었다. 하지만 시간이 흐른 지금, 모두 당시의 선택이 옳았다고 여긴다. 새로운 인연을 만나 같은 과정을 거치며 결혼했다. 누구보다 행복하게 잘 살고 있다.

Case 2 ◦ 불행한 나, 애증의 우리

인간의 습성일까. 우리는 인생의 가장 좋은 순간을 아름답게 포장하는 일에 익숙하다. 모바일 메신저의 프로필 사진, SNS에 게시된 사진 한 장과 짧은 문구는 타인에게 부러움을 선사하는 도구의 기능도 하고 있다. 막역한 사이가 아니라면, 인생에서 가장 힘들었던 절망의 순간에 대한 이야기를 떠벌리는 사람은 없다. 원만하게 결혼 생활을 하는 이들을 보며, 왜 나는 유독 싸움이 잦고 갈등으로 가득한 삶을 살고 있는지, 삶은 왜 외로움투성인지 자문한다. 답은 없다. 이번 생은 너무 늦었으니, 다음 생을 기약하는 순간까지 그저 끌려가리라는 생각에 매일 밤 악몽을 꾼다. 격한 싸움이 있을 때마다 이혼을 생각하지만, 가끔은 좋은 순간이 있었고, 무탈하게 지내온 양가 부모님과 가족들을 생각하면 '이 정도는 참고, 잊고 지나가자'고 다짐한다. 한때 우리는 애틋했다. 이 세상이 무너져도 서로를 지켜줄 것이라 맹세했다. 하지만 지금은 아니다. 치열한 애증의 관계다. '미운 정, 고운 정 때문에 산다'는 어른들의 말이 틀리지 않았다. 문제는 시간이 갈수록 애정보다 증오가, 고운 정 보다 미운 정이 더욱 커져간다는 점이다.

"내 탓도 있지. 그런데. 하지만. 그래도…."

"나도 참을 만큼 참았어. 그래, 이 정도면 할 만큼 했어."

부부 싸움은 마르지 않는 샘물이다. 손뼉도 마주쳐야 소리가 나듯 모두에게 원인이 있다. 나에게도 문제가 있다. 고부간의 갈등과 가부장적인 사회 분위기는 생각보다 깊다. 나도 모르게 나의 가치관에 뿌리를 내리고 있다. 나는 다르고, 나의 부모님 역시 다르다고 생각했지만 수백 년을 이어져 온 사고방식의 틀을 벗어나는 것은 어쩌면 존재를 부정하는 것만큼 어려운 일이다. 배우자 역시 그로 인해 많은 상처를 받는다. 수차례 전쟁을 겪은 후에야 조금 깨달은 것은 '이미 늦었다'는 사실이다. 우리의 신뢰는 바닥을 쳤다. 부부의 관계가 지속될 수 있도록 도와준 것은 아이의 존재다. 하지만 아이마저 수차례 부부 싸움을 목격했다. 시댁과 처가는 왕래가 없다. 양가 부모님은 결혼식에서 초에 불을 붙이며 '우리는 이제 한 가족'이라고 선언했지만 세상에 그런 가족은 없다. 대소사가 아닌 이상 누가 먼저라고 할 것 없이 모른 척 살고 있다. 누구에게도 결혼이라는 모종의 계약 관계를 깰 만한 용기는 없다. 그냥 이대로, 처음부터 그랬던 것처럼 하루하루를 기계처럼 각자가 해야 할 일을 하고 산다. 물론 가끔 미소를 지을 때도 있다. 하지만 엔도르핀이 폭발하듯 웃은 게 언제인지 기억도 나지 않는다. '아이 때문에 산다'는 어른들의 상투적인 말이 가슴에 사무친다. 가족에 최선을 다하는 삶을 살지만, 사실 내 삶에 '나'는 없다.

Case 3 ◦ 가난한 우리, 불행일까 다행일까

공부도 잘했다. 살면서 말썽을 부린 적이 없다. 공부 좀 해야 들어간다는 대학을 나와 번듯한 직장에서 성실하게 일했다. 부족함이 없는 삶을 살았다. 하지만 결혼을 준비하며 내가 이루어 온 것들이 큰 의미가 없다는 현실을 알게 됐다. 부모님은 결혼에 자금을 보태주시기 어려운 형편이다. 남들은 부모님이 서울에 서른두 평짜리 신축 브랜드 아파트를 주셨다고 하는데, 나는 오히려 부모님을 부양해야 하는 상황에 더 가까웠다. 사실 부모님의 경제 사정을 잘 몰랐던 내 탓도 있다. 언제나 든든하고 큰 산으로 느껴졌던 부모님이기에 평소 경제 사정을 묻지도 않았고, 먼저 이야기를 꺼내지도 않으셨다. 결혼을 하겠다고 말씀드린 후에야 숨은 사정을 알게 됐다. 오래도록 사귀며 결혼을 약속한 여자친구도 이해했다. 그녀의 집도 비슷한 형편이었다. 다행일까 불행일까. 막상 결혼이라는 현실을 겪고 나니 중간은 가는 줄 알았던 나는 사실 빈곤층에 가깝다는 현실을 자각했다. 아이가 태어난 후 살림살이는 더 빠듯해졌다. 사귀면서, 결혼을 준비하며 조금씩 잦아졌던 다툼은 상승 곡선을 그렸다. 삶이 팍팍해서 쌓인 스트레스는 분노가 담긴 말의 화살로 변했다. 아내의 친구들이 집을 장만하고, 재산을 불려가며, 여유롭게 사는 이야기가 들려올 때마다 우리의 분위기는 냉랭해졌다. 별것 아닌 일에 날 선 말이 오갔고, 감정의 골은 깊어졌다. 누구의 잘못일까. 가난이 죄였다. 경기는 악화됐고, 빈부의 차는 커졌다. 월급을 제외한 모든 것이 올랐다. 우리의 감정도 조금씩 격해졌다. 이제야 우리는 잘못된 만남이라고 생각했다. 돌아보면 당장이라도 헤어져야 할 큰 잘못이나 극단적인 불화가 있었던 것은 아니다. 그저 희망이 보이지 않는 하루하루를 무력하게 살아가는 지금이 싫다. 신세한탄과 무력감에서 벗어날 길이 없다. 조금 더 일찍 현실을 알았더라면, 나의 삶은 달라질 수 있었을까?

모든 사연은 제각각이다. 과정과 결과도 모두 다르다. 과거가 미래

를 투영하지도 않는다. 단 한 가지 확실한 것은 누구나 고민과 후회를 거듭하고 있다는 사실이다. 최근 10년 사이 이혼율은 감소세다. 「2017년 대법원 사법연감」에 따르면 전국 시 · 군 · 읍 · 면 이혼(이혼소송 · 협의이혼 포함) 접수 건수는 2007년 12만 4225건에서 2016년 10만 8853건으로 12.4% 감소했다. 건수만이 아니라 이혼율 자체도 떨어지고 있다. 기혼자 1000명당 이혼 건수를 뜻하는 유배우 이혼율은 2008년 4.9건에서 지난해 4.4건으로 10년 사이 10% 줄었다. (출처: 머니투데이) 이유는 자녀 양육, 생활물가와 주거비 상승 등 생계유지라는 현실적인 문제 때문이다. 마음은 이미 한참 전에 멀어졌지만, 어쩔 수 없이 지금의 길을 걷고 있는 자신을 발견하는 것은 결코 어려운 일이 아니다.

가장 괴로운 것은 마음이 멀어진 사람과 가족으로 오늘과 내일을 살아야 하는 상황 자체다. 어떻게 할까? 그냥 이대로 불행하게 살다가 이번 삶을 마감해야 할까? 명랑행복부부연구소는 이혼이라는 단어가 가슴을 채우는 순간, 하지만 행동으로 옮기지 못하는 순간 도움이 될 수 있는 방법을 고민했다. 이혼으로 이어질 수 있는 다툼과 갈림길에서 위기를 관리할 수 있는 방법론을 모색했다. 이 책을 덮는 순간에도 고민과 후회는 이어질 것이다. 고뇌에 찬 당신의 삶에 명랑 행복부부연구소가 작은 위안과 동아줄이 되어주길 바란다.

차례

결혼 후:

웰컴 투 시월드, 웰컴 투 처월드

돌이킬 수 없을 것 같은 변화:

아이 때문에 산다?

이혼 전:

다음 생애를 기약하며 "네가 무조건 참아라"

/ 결혼 전 /

결혼을 하지 않으면 이혼도 하지 않는다

프러포즈는 결혼의 첫 단추인 동시에
준비 과정의 가장 중요한 단계다.
첫 단추를 잘 꿰지 못하면 평생 떼어내지 못할
원망의 꼬리표가 붙을 수 있다.

전쟁은 프러포즈와 함께 시작된다

부부의 연을 맺고 인생의 길을 함께 걷자고 제안하는 프러포즈, 온전히 둘만의 아름다운 순간으로 기억될 수 있을까? 글쎄. 프러포즈는 이제 하나의 이벤트로 변모한 듯하다. 타인이 묻기라도 하면, 고개를 꼿꼿하게 세우고 자랑스럽게 답할 수 있는 이벤트로. 프러포즈를 전문으로 서비스하는 업체까지 우후죽순 나타나고 있으니 말이다.

남성이라면 소박한 레스토랑에서 정성스러운 편지 한 통과 꽃으로 프러포즈를 대신할 수 있을 것이라고 생각할 것이다. 특히 흔한 명품 브랜드의 보석 하나 준비하기 힘든 상황이라면 더 그럴 것이다. 그러나 여성들의 생각은 조금 다르다. 그녀의 친구 누군가는 하와이로 떠난 커플 여행에서 감동의 프러포즈 이벤트를 했고, 또 누군가는 서울 시내가 한눈에 보이는 고급 레스토랑에서 수많은 이들이 부러움의 시선을 보내는 가운데 영롱하게 빛나는 반지와 목걸이로 눈물을 쏙 빼놓았다고 한다. 왠지 나만 삐걱거리는 듯한 결혼식 준비의 출발점, 아래 한 커플의 이야기를 들어보자.

"프러포즈는 어떻게 할 거야?"

나는 이 말이 참 듣기 싫었다. 처음에는 부담스러웠지만, 시간이 흐를수록 점차 듣기 싫은 말이 됐다. 내 주변 친구들 중에는 요란하고, 한 달 후 묵직한 카드 영수증이 되어 날아올 만한 프러포즈를 한 이들을 눈을 씻고 찾아봐도 발견할 수 없었다. 대부분 사귀다 보니 자연스럽게 결혼을 하는 것으로 합의했고, 프러포즈 역시 자연스럽게 결혼 의사를 확인하는 둘만의 소박한 시간을 보냈을 뿐이다.

주변의 사례를 담은 이야기를 그녀에게 전하니 실망의 기색이 역력하다. 인생에서 처음 맞이하는 결혼이라는 과정에 돌입하며 평생을 그려왔던 환상이 처음부터 깨지는 기분이었다.

"소박하게 잘 했네~ 그런데 우리도 그럴 건 아니지? 우리도 소박하지만 특별했으면 좋겠어~ 미리 이야기하지 않아도 되는데, 너무 부담은 가지지 마~."

결혼식을 며칠 앞둔 시점까지 프러포즈를 미루고 미룬 끝에 먼저 과정을 거친 선배들의 조언을 듣고 나름의 프러포즈를 준비했다. 그녀가 눈물을 흘리길 기대했고, 다행히 그녀는 눈물을 흘렸다. 문제는 감동의 눈물인지 실망의 눈물인지 모르겠다는 점이다. 적당히 누군가에게도 자랑거리가 될 만한 프러포즈였을까? 나름의 고뇌가 가득했던 결과물임을 알아주길 기대했지만 그녀는 이렇게 말했다.

"다시 제대로 받고 싶어."

여기까지면 그나마 다행이었을 것이다.

"내 친구 미정이는 뭘 받았고, 시댁이 너무 좋아서…."

이제 전쟁이다. 나는 프러포즈의 본질을 이야기 했고, 그녀는 지금껏 꿈꾸어 온 결혼을 이야기했다. 감성적인 부분에 쉽게 감동하고 분노하며 변화하는 그녀라는 건 이미 알고 있었지만 프러포즈는 양보할 수 없는 부분이었나 보다. 타인에 대한 부러움과 과시욕이 자기만족의 일부분이 되어 버린 것 같다. 결혼식 준비는 이제 시작되었는데, 이미 전쟁터의 한가운데에 있는 느낌이다.

이 이야기, 남의 이야기 같지 않은가? 이 커플이 비단 양보와 포용을 주제로 싸웠던 것이 프러포즈뿐일까? 나름 성공적으로 프러포즈의 과정을 거친다고 해도 그녀에게는 아쉬움이 남았을 확률이 크다. 그리고 둘의 결혼식이 성공적으로 마쳐진대도, 진짜 이야기는 이제부터 시작이다.

여행은
잘 다녀왔어?

정말 좋았지!!!
오빠가 나 몰래
프러포즈도 준비했던 거 있지

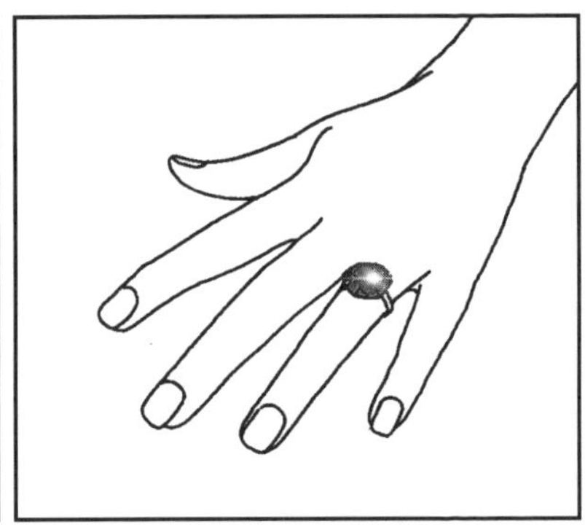

와! 너 진짜
사랑받는구나
오빠가 너 진짜
좋아하나봐
띠링

에이 너도 결혼 전에
엄청 유명한 레스토랑에서
프러포즈 받았었잖아

오빠 우리 내일
드레스 보러 가는 거
알지??
2:00
아 그게 내일이었나
나 내일 애들이 보자고
했었는데 ㅋㅋ
4:13

아 너도 결혼식 얼마 안 남았지?
프러포즈는 받았어??

에이 결혼 약속 전에 결혼하자고
고백하는 게 프러포즈 아닌가?
뭘 또 받아~
이벤트를 꼭 받아야
하는 거야??

. . .

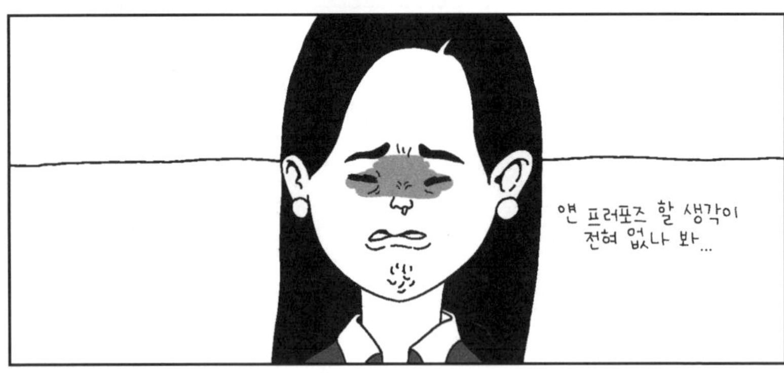
얜 프러포즈 할 생각이
전혀 없나 봐...

후회가 남지 않는 프러포즈

프러포즈는 결혼의 첫 단추인 동시에 준비 과정의 가장 중요한 단계다. 첫 단추를 잘 꿰지 못하면 평생 떼어내지 못할 원망의 꼬리표가 붙을 수 있다. 나의 단짝은 속세에 물든 다른 이들과 다를 것 같지만 그것은 나만의 바람에 불과할 가능성이 높다. 훗날 마음이 멀어진 후에 돌아보면 모두에게 가물가물한 프러포즈가 될 수도 있지만, 잘 꿰어낸 첫 단추는 멀어진 마음을 잠깐이나마 가깝게 만들어 줄 마법의 순간이 될 수도 있다.

무리하게 자금을 동원해 기억에 남을 화려한 이벤트를 준비할 수도 있다. 하지만 10년, 20년 후 어떤 순간으로 회자될까? 결혼의 이야기가 이미 본격적으로 오고 감에도 불구하고 '정식' 프러포즈를 준비해야 하고, 그 순간의 주인공은 여자이며 연출은 남자가 해야 한다는 고정관념이 너

“”

무 싫지만, 당장 이겨낼 방법은 없다. 포기하자. 주인공이 미소를 지을 만한 소재들을 고르고, 마음을 담자. 연출자의 입장에서 아쉬움과 후회가 남는다면, 주인공의 사정이 다를 리 없다. 소박할지언정, 훗날 스스로 후회가 되지 않을 만큼 마음을 담아 최선을 다하고 보자. “당신은 최선을 다하지 않았어”라는 뉘앙스의 말을 듣는다면 무시하거나, 더 늦기 전에 헤어지자. 나는 후회 없이 최선을 다했고, 평생을 함께 해야 할 단 한 사람이 몰라줄 뿐이다.

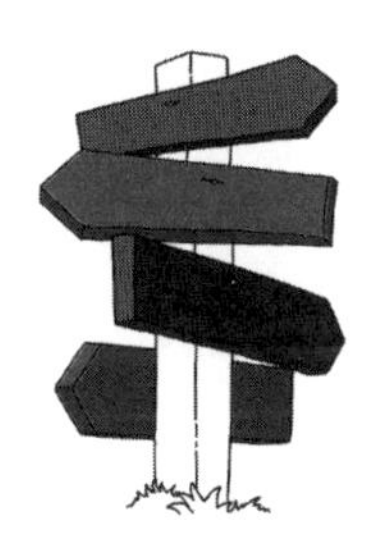

상견례,
이혼을 피할 수 있는
첫 번째 분기점

대한민국에서 태어나고 자란 보편적 사람에게 결혼은 둘만의 이벤트가 아니다. 우리가 사랑하고 결혼한다는 것은 어쩌면 착각일 수도 있다. 사랑은 둘이 하지만 결혼은 가족이 하는 것이 현실이다. 평생을 다른 환경에서 다른 가치관을 가지고 성장한 둘이 부부라는 이름의 가족으로 엮인다는 것은 것은 이미 많은 혼란과 갈등을 전제한다.

"우리 부부는 결혼하고 단 한 번도 싸우지 않았어요."

"싸울 일이 전혀 없었어요. 너무 잘 맞는 것 같아요."

거짓말 같은 일이지만 분명 존재하는 일이다. 완전히 다른 두 사람이 만나서 겪은 갈등을 봉합하는 과정이 원활하면 싸움이 아니고, 요란하면 싸움이고 전쟁이다. 연애 시절의 갈등은 사랑과 마찬가지로 둘이 헤쳐나가야 할 과정이다. 하지만 결혼의 관문에 들어서는 순간 갈등은 가족 모두의 것으로 확대 전개된다. 갈등의 소재 역시 새로운 은하계를 만난다.

"자기네 집은 왜 그래? 우리 집은 안 그런데?"
"어머님이 자기네 가족 단톡방에 초대했어. 뭐야. 나가면 서운하시겠지?"

두 사람이 하나가 되는 과정도 수월하지 않지만 두 가족이 연결되는 과정은 더욱 쉽지 않다. 양가 부모님과 가족이 모두 한자리에 모여 탐색전을 펼치는 자리가 바로 상견례다. 물론 상견례 장소와 방식을 정하는 것조차 하나의 신경전이 될 수 있다. 도처에 지뢰가

널렸다. 하지만 반드시 거쳐야 할 과정이며, 훗날의 이혼을 미리 피할 수 있는 과정이다.

부모님은 이미 결혼이라는 과정을 거쳤다. 시대와 삶의 모습이 다르지만 대부분 자식을 위한 혜안을 가지고 있다. 번뜩이는 눈으로 나의 귀한 아들, 딸의 인생이 행복한 길로 갈 수 있도록 상견례 자리에 임할 것이다. 물론 상견례에 앞서 배우자가 될 사람과 그 집안에 대한 정보 탐색전은 충분히 펼쳤을 것이다. 탐색 과정에서 탐탁지 않은 부분이 발견되었다면 조정과 확인, 갈등의 과정을 거쳤거나 이미 파투가 났을 것이다.

"제가 딸이 없는데 너무 예쁜 아이가 우리 며느리가 된다고 하니 딸이라고 생각하고…."
"저도 든든한 아들이 생기는 것 같아 너무 좋아요. 가정적이고, 믿음직스러운 것 같고…."

어머니가 상투적으로 내뱉는 말을 예비 장모님이 상투적으로 받았다. 마치 세상에 둘도 없는 화목한 가정이 만나 지구상 최고의 행복 드라마가 펼쳐질 것 같은 훈훈한 장면이다. 하지만 냉정하게 부모님의 시선에서 살펴보면 상견례는 협상의 자리다. 또한 평생을 업어 키운 귀한 자식을 생판 모르는 사람과 그 가족에게 '올인' 해야 할지 말아야 할지 고민하는 살벌한 도박판이다. 눈치 싸움에서 이겨야 하고 기싸움에서 이겨야 한다. 상대의 이른바 '뻥카'를 읽어내야 한다. 부모님의 입장에서 자칫 내 아들이 아침밥도 제대로 얻어먹지 못하고 돈이나 벌어 바치는 하숙생의 신세가 되거나, 최악의 경우 이혼으로 갈 수 있는 작은 갈등의 씨앗을 잘 골라내야 한다. 최선을 희망하지만 최악을 대비하며 삶의 지혜를 쌓은 나의 부모님은 이 세상에서 유일한, 나를 가장 잘 아는 100%의 내 편이다. 상견례 단계에서 부모님이 지적하는 점은 분명 곱씹고 확인해야 할 부분이다.

"왜 그런 걸 물어보셨어요? 저쪽에서 불편해할 수도 있다고 미리 말씀드렸잖아요."
"나 상견례 끝나고 집에 와서 펑펑 울었어. 우리 엄마도 나 시집보낼지 다시 생각해 봐야겠대."

"그쪽 집은 조금 깐깐해 보이더라. 사업을 크게 한다는데 불안한 건 아니지?"

"한쪽 집으로 분위기가 조금 기울면 좋지 않은데… 어차피 사는 건 너희들이지만…."

큰 탈 없이 상견례가 끝나면 다행이다. 한쪽은 서울 시내 5성급 호텔에서 많은 하객 속에 화려한 결혼식을 원하지만, 다른 한쪽은 사정이 다를 수 있다. 불러낼 하객도 별로 없고, 자금의 여유도 없다. 집 근처 이름 없는 웨딩홀에서 1시간짜리 결혼식과 피로연을 찍어내기도 빠듯하다. 간극을 조절하다 보면, 상견례 자리에 앉아있는 각자의 미소 아래로 미묘한 감정이 몰아친다. 상견례 이후 시차를 두고 곳곳에서 불만이 나오기 마련이다. 결혼 당사자에게 상견례는 시작부터 끝까지 살얼음판을 걷는 고독한 싸움이다. 결혼이라는 굴레에 나를 던지는 순간 이미 나는 없다. 지금껏 장애물이 되지 않았던 일들도 돌아보니 모두 다툼의 씨앗이다.

모두가 조금만 물러서고, 상대방의 입장에서 생각하고 말을 하고 사고하면 좋을 텐데, 다르게 깎인 여러 개의 톱니바퀴가 맞닿는 과정은 결혼 당사자 입장에서 너무나 고통스럽다. 이 순간을 지혜롭게 해결하지 못한다면, 상견례는 앞으로 닥칠 고통과 혼란 그리고 후회의 시작이 될 것이다. 이 과정에서 극단적인 고통을 겪은 경우, 결혼은 없던 일이 되기도 한다.

아버지 어머니 오늘 종교 얘기!
예민한 예물 예단 얘기는 하지 마세요
그래
그래

아버지 제발 오늘 정치 얘기!
엄마는 내 자랑 !! 너무 하시지 마시고요
그래
그래

랑 예물 예단
종교 애기 자
단 애기 정치
자식 자랑

종교 애기 자식
정치애기
자랑 예물
종교 애기
예단 애기

결혼을 위한 양가의 구두 계약, 철저한 준비가 살 길이다

프러포즈가 결혼 당사자 간의 구두 계약이라면, 상견례는 양가의 구두 계약이다. 최악의 경우 만남의 자리에서 계약이 불발되는 경우도 있지만, 대부분의 중대한 사태는 상견례 후 벌어진다. 당사자들의 마음에만 상처가 남으면 다행이지만 양가 모두의 마음 한구석에 찜찜함을 안고 귀가한다면 당장이 아니더라도 언젠가 터질 시한폭탄을 안고 결혼으로 돌진하는 셈이다.

기업 간 작은 계약을 할 때에도 설득과 협상, 조인을 위한 철저한 준비가 필요하듯 부부의 연을 맺는 과정에도 사전 준비가 필요하다. 적어도 결혼 당사자들 간에는 숨김없이 서로의 사정을 터놓고 이야기해야 한다. 이후 각자 부모님에게 미리 상대의 사정을 최대한 공유해야 한다. 이 단계에서 불협화음이 난다면 각자 나름의 대처가 가능할 수 있다. 하지만 상

“”

견례 자리에서 모두가 예기치 못한 불이 붙는다면 이후 상황은 복잡해진다. 사전 정보 공유, 각자 혹은 서로를 향한 설득은 성공적인 계약을 위한 필수 과정이다. 여러 노력에도 불구하고 간극을 좁히지 못한다면, 운명을 향한 도박에 몸을 던지는 수밖에 없다. 뜨거운 불구덩이일지, 아름다운 봄날의 꽃밭일지는 아무도 모른다. 어떤 방식이라도 최선을 다하는 것이 후회가 남지 않을 것이다.

혼수와 예단, 스튜디오 드레스 메이크업 "큰불은 돈에서 붙는다"

"요새는 간단하게 하는 게 대세잖아요. 형편에 맞춰 편하게 해요."

말은 좋다. 마음도 나빴을 리 없다. 그런데 막상 준비하다 보면 '평생 한 번뿐인' 결혼인데 생략하기 애매해지는 것들이 있다. 그런 것들을 하나 둘 채우다 보면, 결국 남들 하는 만큼 하게 된다.

일단 '간단하게', '필요한 것만'이라는 말이 상견례에서 나왔다면 불씨가 된다는 걸 명심해야 한다. 상견례는 인사하는 자리지 조율하는 자리는 아니다. 그래서 그때 남긴 불씨가 이후 혼수와 예단을 준비하는 과정에 산불로 번지기 십상이다. 현실이 문제다. 큰불은 돈에서 붙기 마련이다. 남자와 여자를 가리지 않고 전통적으로 시대가 요구하는 것들이 있다. 양가 부모님들이 의식적으로 깨어 있는 분들이라고 해도 '해줘야 할 것'과 '받아야 할 것'이 은연중에 존재한다. 비단 부모님 세대뿐만 아니라 또래 세대의 친구들 역시 마찬가지다. 먼저 버진 로드를 힘차게 걸어 나아가며 겪은 고통과 현실적 고뇌를 겪었음에도 불구하고 체면치레의 굴레를 쉽게 벗어나지 못한다. 적어도 우리는 상견례에서 서로를 배려하고, 잘 지내보고자 했던 말들이 일순간 위선과 거짓으로 읽힐 수 있다. 때문에 서로 의견을 전하기 전에 입장을 명확하게 정리할 필요가 있다. 결혼하기 전에는, 각자의 현실을 냉정하게 꺼내어 놓기 전에는 전혀 예상하기 어려운 일들이다. 고통스러운 것은 결혼의 직접적 당사자뿐만이 아니다. 우리가 친구들의 처지와 상황, 의견에 영향을 받듯 양가 부모님도 마찬가지다. 마음은 더 해주고 싶

고 자식의 자존심을 최대한 세워주고 싶고 더 밝은 앞날을 준비해 주고 싶지만, 현실은 녹록지 않다는 점을 부모님들 또한 염두에 둬야 한다.

"아니, 나도 그건 생략하려고 했는데 다들 '그건 받아야 된다'고 하니까. 나도 생각해 보니 그 정도는 해야 되는 게 아닌가 싶고…."

"이것저것 다 생략할 거면 우리도 이거 안 해줘도 되는 거 아니야?"

이런 말들이 오가면서 축복과 행복으로 가득해야 할 두 사랑하는 사람의 만남과 결합이 전쟁으로 돌변한다. 애초에 우리가 만난 이유는 뭘 해주고, 뭘 받기 위함이 아니라 그저 서로가 좋아서였는데, 결혼을 준비하다 보면 '조건 경쟁'으로 돌변하고 '출혈 경쟁'으로 이어져 두 사람이 진정한 독립을 이루었을 때는 돈과 빚에 종속된 인생을 살게 되는 것이다.

무엇을 원하는지, 현실적으로 무엇을 할 수 있는지 정확하게 정리해야 한다. 애매하게 걸쳐 있으면 모두가 불만만 남는다. 서운한 감정은 남들과의 비교에서 발생하는 법이다. 주변인들은 자신이 책임을 질 것도 아니지만, '그건 아니지'라고 훈수를 둔다. 결혼을 준비하는 당사자들이야 이것저것 궁금하니 의견을 구할 수는 있다. 그것을 뭐라고 할 수는 없다. 하지만 조언을 하는 이들은 본인이 현재 겪는 일이 아니기에 현실을 무시한 조언을 할 수밖에 없다. 조언을 듣는 입장에서도 충분히 감안해야 할 부분이다.

요즘처럼 믿기 어려울 정도로 집값이 폭등하고, 월급을 제외한 모든 것이 오르는 상황에서는 부담의 크기가 배가 된다. 대출을 받을 수도 있겠지만, 결국 언젠가 돌아올 폭탄이다. 불필요한 것들을 생략하고 실리적으로 돈을 쓰는 게 중요하다. 그러기 위해선 철저한 예산 사전 파악과 정리가 중요하다. 양가 부모님이 우리의 결혼에 기꺼이 쓰실 수 있는 돈의 규모를 정확히 알고, 이를 결혼 생활에 정말 유용하게 쓸 수 있는 곳에 집중시켜야 한다. 또한 양가 부모님이

ATM(현금 자동 입출금기)이 아님도 정확히 인식해야 한다. 감사하게도 자식들을 위해 어느 정도 자금을 모아둔 분들이 계신데, 오랜 기간 노력과 준비의 산물이다. 당연하다는 듯 한도 끝도 없이 손을 벌리는 것은 염치가 없는 일이다. 가끔 나의 부모님의 돈은 아끼려 하지만, 상대 부모님의 돈은 마르지 않는 샘물로 인식하는 경우가 있다. 아니, 의외로 많다. 나중에 어차피 물려주실 것이니 미리 달라는 말을 하는 사람이 당신의 상대방이라면, 어서 절연하자.

훗날 돌아보면 느낄 수 있겠지만, 결혼식에 소요되는 대부분의 비용은 어쩌면 결혼 산업에 종사하는 이들을 위해 '기여하는' 지출이 상당하다. 럭셔리한 명품 시계, 로맨틱한 다이아 반지, 조선시대 왕실에서 입었을 법한 이불과 한복, 어디 편하게 입고 나가기도 부담스러울 정장을 사느라 불황의 시대를 살아가기 위한 밑천을 날려선 안 된다.

결혼식의 필수 요소로 불리는 스튜디오, 드레스, 메이크업, 일명 '스드메'도 마찬가지다. 이것저것 따로 알아보면 비싸고, 코디를 끼고 하면 수수료가 드는 대신 할인이 가능하지만 결국 고르고 고르다 보면 가장 좋은(이라고 쓰고 비싼이라고 읽는다) 옵션을 선택하면서 생각했던 것 이상의 지출을 하게 되는 '스드메'는 예산 규모에 맞는 타협점이 필요하다. '한 번 하는 결혼식인데'라는 생각으로 시원하게 지르다 보면 '한 번 사는 인생'이 괴로워질 수 있다. 번거롭더라도 최대한 많이 알아보고, 최대한 많이 따져보고, 최대한 많이 아껴보는 게 상책이다. 지나고 보면 거기서 거기다. 양가 부모님이 지원해주실 수 있는 돈의 총량을 '출혈 경쟁'과 '받아 내기'가 아닌 두 사람의 결혼 생활을 위한 '기반 자금'으로 생각하도록 만드는 게 '대형 산불'을 예방하는 지름길이다.

혼수와 예단, 미리 인식을 바꾸자

혼수의 사전적 정의는 결혼을 할 두 남녀가 하나의 가정을 이루어 삶을 영위하기 위해 혼인을 준비하는 과정에서 마련하는 물품이다.

인류의 혼인 풍속을 보면 여자가 남자의 집안으로 시집을 감에 따라, 여자의 집안은 인적 손실이 불가피해진다. 그 보상의 격으로 예를 차리며 금전 혹은 재화를 제공하는 것을 우리 사회에서는 예단이라고 했다.

수백 년 전부터 내려온 혼수와 예단의 풍습은 언제나 논란이 되어왔다.

세월이 흐르고 사회나 제도, 결혼의 관행이 변화함에 따라 혼수와 예단의 모습은 바뀌고 있지만, 단 한 가지는 변치 않고 있다. 양가의 체면을 지키기 위한 자존심이 모두에게 부담이 되고 나아가 사회적 문제가 되고 있다는 점이다.

한국전쟁 이후 시기에는 혼수와 예단에 바느질 용구, 요강 등이 포함되어 있었고, 1980년대 전

“”

후로는 가전제품이나 주방용품 등 생활 필수품이 주를 이뤘다. 하지만 이른바 '먹고살 만한' 시대가 된 현재는 혼수와 예단이 3자에게 보여주기 위한 용도로 변질되었다. 이에 따라 결혼의 총비용이 상승하고, 나아가 누군가는 작게나마 빚더미에 앉거나, 아예 파혼으로 이어지는 경우도 상당하다. 그나마 최근 들어 부모님 세대의 의식에 변화가 이뤄지며 결혼의 당사자가 원하는 것을 실리적으로 마련할 수 있도록 현금 형식의 교환이 이뤄지고 있어 다행이다.

결국 중요한 것은 결혼의 당사자들이 얼마나 깨어있는 인식으로 자신의 현실을 판단하고 각자의 부모님을 미리 설득하느냐다. 충분히 설득이 된 부모님들도 막상 혼수와 예단의 본격적인 게임이 시작되면 흔들릴 가능성이 다분하기에 충분히 시간적 여유를 가지고 당사자와 부모님의 인식을 바꾸어놓는 작업을 해야 한다. 결론적으로 체면을 잠시 접으면, 양가 부모님의 지출도 줄일 수 있다는 점을 피력하자. 훗날 '그래 우리 아이들은 꼭 필요한 것들만 주고받기로 했으니 대견하다'는 마음이 들 수 있을 것이다.

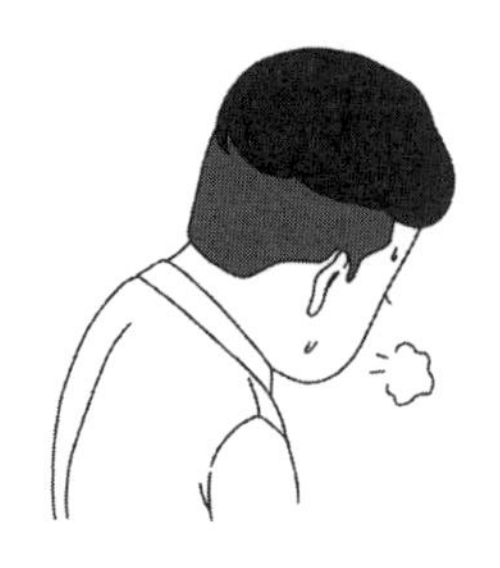

신랑을 위한 결혼식은 없다

'그대를 만나고~ 그대의 머릿결을 만질 수가 있어서~'

지금은 어떤 노래가 축가로 유행하는지 모르겠지만 몇 년 전까지만 해도 이적의 '다행이다'가 압도적인 인기였다. 노래 좀 한다는 신랑들이 이 노래를 세레나데로 불러 꽤 많은 하객들이 이 가사를 다 외웠을 것이다. 뭐, 신랑이 아니라 신랑 혹은 신부 친구들이 축가를 부르기 위해 나섰을 때도 많이 선택을 받았다. 가끔 가수가 섭외되어 축가를 부르는 경우를 제외하면, 사실 대부분의 사람들에겐 지루한 시간이다. 같은 노래가 축가로 반복되고 반복될수록 다행인 건 가수 이적뿐이다.

결혼하는 두 사람을 비롯해, 개인적으로 축가를 부르는 이들을 아는 사람과 그 지인들이야 훈훈하게 지켜볼 테지만, 사실 결혼식의 하객 대부분은 사회적 관계, 상부상조의 이유로 축의금을 내고, 자리를 채우는 게 사실이니까. 뭐 남다른 이벤트를 준비하는 게 재미있고, 직접 축가를 준비하는 동안의 긴장과 설렘이 결혼식 추억의 일부가 되지만, 노래에 딱히 취미가 없다거나 많은 사람들 앞에서 노래하기가 꺼려지는 이들에겐 피하고 싶은 일이기도 하다. 신랑이 직접 부르는 축가는 신부를 위한 이벤트가 되기도 하는데, 천편일률적인 결혼식에 개성을 더하기 위한 몇몇 시도들은 결국 이 땅의 수많은 신랑들에게 '창의성'을 요구하는 또 다른 부담으로 다가오기도 한다. 신부가 부르는 축가, 신부가 하는 이벤트를 본 것은 드물지 않나.

'거친 바람 속에도, 젖은 지붕 밑에도~'

결혼식의 모든 순서를 마친 뒤 신랑을 향한 사회자의 짓궂은 장난도 마찬가지다. 신부가 신랑에게 팔려가는 것도 아니고, 요즘이 조선시대처럼 '출가외인'의 시대도 아닌데 신랑이 결혼식에서 여러 대가를 치러야 하는 것은 시대착오적인 일이다. 사실 신랑들에게 결혼 이후의 삶이야말로, 많은 것을 포기하고, 짊어지고 견뎌내야 하는 도전이 된다. 결혼 이후의 삶에, 아이를 낳고, 전업주부의 삶으로 내몰려 사회적 지위를 잃게 되는 아내들의 고충과 현실을 모르는 바는 아니지만, 그렇다고 해서 결혼식의 주인공이 신부여야만 한다는 것은, 사회가 바뀌고 있는 지금 재고해 봐야 할 문제다. 프러포즈부터 집을 구하고, 결혼식의 들러리가 되는 과정까지, 냉정히 말하면 이 시대 한국 사회에 신랑을 위한 결혼식은 없다.

과거를 돌이켜 보면 많은 일들이 추억이 되지만, 결혼의 과정은 온전히 추억만으로 남을 수 없다. 수많은 이혼의 위기를 넘기고 살아남은 이들이라면 그래도 추억과 함께 고통의 순간 역시 아련해질 것이다. 인간은 고통스러운 것부터 잊는 망각의 동물이라 다행이다.

엄청난 중압감과 육체적 피로 그리고 내 돈을 많이 쓰며 남는 것 없어 스트레스를 받는 과정이 바로 결혼식 준비의 과정이다. 화려한 스냅 사진도, 땀 뻘뻘 흘리며 같은 자세로 찍은 여러 장의 단체 사진도, 추억 삼아 다시 꺼내볼 일이 거의 없었다. 뭐, 지금보다 더 시간이 오래 지난 뒤에, 즉, 중년을 지나 노년이 되어 보면 풋풋하고 어리던 시절을 보며 흐뭇한 웃음을 지을 수 있겠지만 말이다.

그런데 우리는 지금 당장의 삶이 벅차고, 서운하다. 신랑을 위한 결혼식이기도 해야 한다는 투정을 부리는 게 아니다. 신랑도 덜 부담스럽고, 신랑도 존중받는 결혼식을 향해 조금 나아가는 것은 어떨까?

그래서인지 공주를 구하는 왕자가 나오는 서양의 옛날 동화들을 불편하게 보는 인식도 최근에는 많이 생겼다. 왜 왕자가 공주를 구해야 하나? 공주 스스로 위기를 이겨내고 헤쳐낼 수도 있는 거 아닌가? 무엇보다 불편한 대목은 공주의 저주를 풀기 위해 왕자의 키스가 필요하다는 것이다. 잠자는 숲속의 미녀도, 백설공주도 생전 본 적 없는 왕자의 키스를 받아야 살아날 수 있다는 것은 현실과 너무나 동떨어졌다. 실제로 그랬다간 성범죄로 잡혀갈 것이다. 동화 속의 수많은 공주들은 수동적이다. 요즘 여성들은 그런 삶을 거부한다.

그런데 왜, 결혼식은 백마 탄 왕자의 구원을 기다리는 공주가 되고 싶어 하는 것일까?

한국 사회의 결혼식을 보면 대부분 신랑이 뒤에서 돕고, 신부가 선택한다. 물론, 돈 많고 바쁜 신랑은 코디네이터를 쓰고, 결정 권한만 주면 되니 크게 어려운 일은 아닐 것이다. 진짜 왕자와 공주들의 삶은 원래 편하다. 그런데, 이 사회의 대다수를 차지하는 우리는 백마도 없고, 왕자도, 공주도 아니다. 아마 당신도 동화 속의 왕자는 아니고, 함께 버진 로드를 걸어 나올 신부도 동화 속 공주는 아닐 것이다. 왕자와 공주는 노력으로 얻을 수 있는 성취도 아니다. 아버지가 왕이어야 한다. 왕관을 썼다고 왕이 되는 게 아니듯, 결혼식을 화려하게 준비한다고 내 삶이 화려해지는 건 아니다. 생애 한 번뿐인 이벤트는, 이벤트 회사의 사업 수단일 뿐이다. 추억은 중요하다. 하지만 추억에 드는 돈이 추억의 가치와 비례하는 건 아니다. 사회생활을 시작해 모은 돈의 대부분을 쓰고, 힘든 행사를 진행하면서, 남는 게 남들과 비슷한 추억, 사진, 영상 같은 것들이라면, 그 추억을 다른 방식으로 만드는 방법도 충분히 고민할 수 있다.

신랑을 위한 결혼식이 되기 위해선, 수많은 신부들이 친구의 결혼식을 통해 비교하고, 단 한 번뿐일 결혼식 이후 당할 비교의 압박감에서 벗어날 수 있어야 한다. 신랑도 즐겁게 누릴 수 있는 결혼식, 서로가 동등한 위치에서 축복받고, 즐길 수 있는 결혼식, 그런 결혼식이 되려면 한국 사회에서 양성평등과 균형에 대한 고민이 깊어지는 만큼, 결혼식에서 신랑과 신부가 차지하는 위치와 역할에 대한 고민도 있어야 하지 않을까.

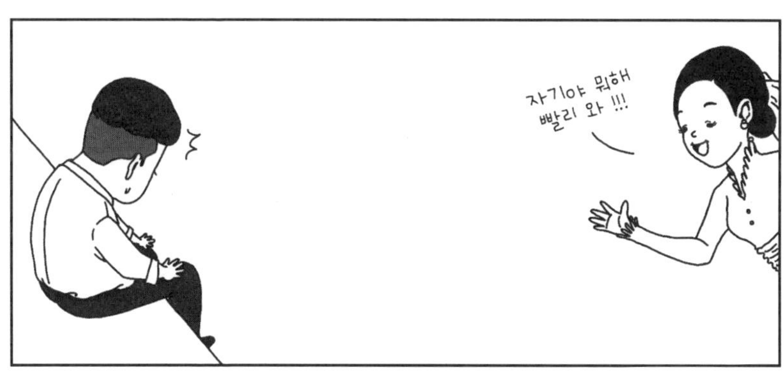
자기야 뭐해
빨리 와 !!!

스몰 웨딩을 위한 조건

과연 대한민국의 결혼 문화는 누구를 위한 것일까? 가슴에 손을 얹고 생각을 해 보자. 신랑과 신부? 양가 부모를 비롯한 일가친척? 모두 맞는 말이다. 하지만 혼인율이 높아질수록 가장 행복한 것은 아마도 결혼 관련 업체일 것이다. 대다수의 예비 신혼부부들에게는 처음 경험하는 결혼이라는 거대한 행사를 잘 이끌어 줄 길잡이가 필요한 것도 사실이다. 적당한 타협점을 찾으면 좋겠지만, 이리저리 끌려다니다 호구가 되기 십상이다. 어찌 보면 세상사가 모두 마찬가지다. 미끼상품에 낚여 문을 열고 들어가 결국 자신이 허례허식의 제물이 되었다는 것을 알고 나면 이미 모든 것은 지나가고 신용카드 청구서만 남을 것이다. 정보가 넘치는 시대인 만큼 시간과 노력을 들여야 한다. 발품을 판 만큼 경제적으로 결혼식을 치를 수 있다.

최근에는 스몰 웨딩의 문화도 많이 있는데, 가

❝❞

장 걸림돌이 되는 것은 바로 양가 부모님이다. 사회적으로 활발한 활동을 하셨다면 더욱 그렇다. '뿌린 만큼 거두어야 한다'는 본전 의식이 떠오르지 않을 수 없다. 당연한 일이다. 스몰 웨딩을 반대하는 부모님을 무조건 비판할 일은 아니다. 입장을 바꾸면 이해가 쉽다. 예비 신랑과 신부가 스몰 웨딩으로 방향을 정하기 전에 냉정하게 '계산'을 해봐야 할 필요가 있다. 결혼 당사자는 물론 양가 부모님의 예상 하객과 그에 따른 지출과 수입을 대략적으로 따져보아야 한다. 실제로 한 지인은 스몰 웨딩을 계획했지만, 한쪽 부모님이 결혼식 참가 여부와 관계없이 보낼 청첩장만 어림잡아 400명에 육박한다는 판단을 한 후 과감히 스몰 웨딩을 포기했다. 지금은 당시의 판단이 옳았음을 뼈저리게 느끼며 살아가고 있다. 물론 당사자와 양가 부모님 간의 원만한 협의가 되어 모두가 행복한 추억을 만들 수만 있다면, 스몰 웨딩 역시 훌륭한 선택이다. 일방적인 밀어붙이기 보다 구성원의 입장과 상황에 대한 충분한 공감대 형성이 필수적이다.

우리 집은 과연 어디에 있을까?

집은 재산이자 삶의 터전이다. 최후의 보루다. 생활의 경제적 안정은 물론 심리적 안정까지 줄 수 있는 생각보다 매우 강력한 무기이기도 하다. 특히 한국 사회에서 '집'은 매우 민감한 단어다.

결혼 생활에 가장 기본이 되어야 할 것 역시 바로 우리가 살 집이다. 처음부터 시댁살이, 처가살이를 하는 경우라면 집에 대한 문제는 일단 해결된다. 물론 그 과정 역시 고뇌가 따르겠지만 시간이 흐른 후 돌아보면 과정은 고통스러웠을지언정 결과적으로 나름 현명했던 구석도 있었음을 알게 될 것이다.

결혼을 6개월 앞둔 한 예비신랑, 맑은 날 남산에 올라 서울을 바라보니 우울함이 몰려왔다고 한다. 이 세상에 저렇게 집이 많은데 내가 살 집은 하나 없다는 현실은 연애 시절 올랐던 남산에서의 로맨틱한 감정과는 거리가 멀었던 것이다. 존재도 몰랐던 서울의 구석 동네, 얼핏 봐도 내 나이와 비슷할 법한 낡은 빌라의 좁은 집구석 하나가 '억'소리가 난다. 부모님이 오랜 기간 노력해 마련한 집에서 편히 살 때에는 몰랐지만 이제는 평생 월급을 고스란히 갚아도 서울 시내에서 '뻰지르르'한 집 한 채를 내 것으로 만드는 일은 쉽지 않다는 것을 뼈저리게 느꼈다.

예비신랑의 또 다른 고민은, 예비신부의 이상이 너무 높다는 것이었다. 연애 시절 농담 반 진담 반으로 결혼 생활을 그릴 때에는 방 한 칸만 있어도 행복할 것 같다며 사랑을 나누었지만 막상 우리가 살아야 할 공간이 SNS 속 수많은 '집스타그램', '자랑스타그램'들과 현격한 괴리가 있다는 현실을 깨닫고는, 받아들이기 힘들어한다고 했다.

예비 신혼부부들이여, 마음을 단단히 먹어야 한다. 심하면 결혼 자체를 원점으로 돌릴 각오도 해야 한다. '현실을 받아들이지 못하는 상대방'도 나에게는 현실이기 때문이다. 좌절할 필요는 없다. 주거에 대해 함께 고민하는 과정은 서로가 앞으로 펼쳐질 고난과 역경을 함께 이겨나갈 준비가 되어있는지를 알아볼 수 있는 좋은 기회이기도 하다.

남자친구랑 본격적으로 결혼 이야기가 오가고 있어요. 그런데 사정이 좋지 않다고 집에서 1억밖에 도움을 주실 수 없다고 하네요. 밤새도록 엉엉 울었어요. 지금까지 남자친구가 모은 돈이랑 대출을 최대한 당기면 총 2억 정도는 가능할 것 같다고 하는데 서울은 고사하고 1시간 넘게 걸리는 경기도에서도 멀쩡한 아파트 전세는 턱도 없네요. 예전에 사업도 크게 하셨다고 하는데 제가 알던 것보다 상황이 좋지 않은 것 같아요. 제가 너무 조건을 따지지 않았던 것인지… 사람은 참 좋은데, 이런 사람이 없는데… 너무 마음이 복잡해요. 결혼 미루자고 해야 할까요?

▼ **댓글**

• 재정적인 부분은 절대 무시 못 합니다. 평생 고생할 수도 있어요. 진지하게 고민해 보세요.

• 예비 시댁이 아예 도움을 주지 않겠다는 것도 아니고 그 나이에 그 정도면 훌륭한 거 아닌가요. 님이 마음을 고치세요. 사랑해서 하는 결혼 아닌가요? 아니라면 뭐… 더 좋은 조건을 찾아보세요.

• 저는 후회하고 있어요. 콩깍지가 어마어마했죠. 이 남자만 있으면 다 쓰러져가는 판자집도 괜찮을 것 같았는데, 10년 노력해서 겨우 초가집이네요. 내년에 아이가 초등학교 들어가면 학원

도 보내야 하는데… 대책이 서지 않네요. 왕년에 저 따라다니던 돈 많은 남자들 다들 어디서 뭘 하고 있는지….

• 그럼 님은 얼마나 보태나요?

극히 일부의 사례일 것 같지만 결혼 적령기 대상자들이 많이 모이는 인터넷 카페에서 심심치 않게 찾을 수 있는 고민과 조언들이다. 절대적으로 옳은 말도 없고, 틀린 말도 없다. 주위에 결혼을 한 이들이 있다면, 위 사례가 결코 환상 속의 이야기가 아닌 '내 이야기'가 될 수 있음을 알려줄 것이다. 나의 신부가 다행히 현실을 인지하고 함께 극복할 각오가 있다면 가장 아름다운 시나리오다. 하지만 현실은 의지를 꺾기에 충분하다. 월급의 상당 부분이 대출 원금도 아닌 이자로만 빠져나가고, 언젠가 그런 상황의 끝을 보더라도 남들보다 한참 작은 초가집에 살고 있는 우리의 모습을 볼 가능성이 높기 때문이다.

현재를 사는 대한민국의 평균적 모습이 '평생 열심히 일하고, 알뜰히 모아서 은행과 거대 자본에 갖다 바치고 끝내는 삶'이라는 우스갯소리도 있다. 그대로라면, 결혼 그리고 이혼을 고민할 필요가 없다. 삶의 이유가 없기 때문이다. 오늘과 내일의 삶이 가치 있는 이유는 힘겨운 삶의 자그마한 틈에 행복을 채워 넣을 수 있기 때문이다. 냉엄한 현실의 삶 사이에서 틈을 찾는 것, 그 틈에 무언가를 채우는 것은 결국 마음이다. 소박한 집, 작은방 한 칸에 살더라도 현실을 이겨내기 위해 서로를 믿고 의지하며 노력하고, 행복으로 가득 채울 수 있다면 그곳이 지상 최고의 낙원이다. 반면 아무리 호화스러운 대궐에서 귀족 같은 삶을 살더라도 현실에 끊임없는 불만을 가지고 있다면, 그곳은 시궁창이나 다름없다. 혹시 지금 마음이 가난한 불치병을 가진 상대와 결혼을 고민하고 있다면, 지금이 당신의 삶을 구할 마지막 기회다.

집 보러 오셨나요?

네

들어오세요

호오...

이렇게 집이 많은데 ...

우리 집은 없네...

액운이 몰려오는 집들이, 하지도 말고 가지도 마라

신혼집에 대한 환상은 어떻게 형성될까? 앞서 언급했듯, 결혼의 과정, 결혼 후의 삶에 가장 큰 적은 누군가와의 '비교'다. 결혼을 준비하면, 처녀 총각 시절에는 눈에 잘 들어오지 않던 타인의 주거 위치와 공간에 부쩍 관심이 생긴다. 여기서 그만이면 다행이다. 매매 가격과 전세 가격을 알아보고, 상대에 대한 판단 근거로도 쓰인다. 결혼 후 첫 지인 모임이라 할 수 있는 '집들이'는 결혼을 준비하는 이들에게 파혼으로 이어질 수 있는 큰 불씨가 될 수 있다. 집을 마련하기 위한 협의, 자금의 조달 등 모든 부분에서 마음에 쏙 드는 신혼집을 찾기란 불가능에 가깝다. 일단 원하는 지역에 원하는 크기의 집을 살 여력이 된다면, 불화를 피할 수 있는 좋은 조건을 갖추고 있는 것이다. 누군가가 나의 신혼집을 방문해 "요즘 추세에 맞게 미니멀하게 잘 꾸몄네"라고 한다면, 과연 칭찬으

“”

로만 받아들일 수 있을까?

사람의 욕심은 끝이 없다. 피부로 와닿는 비교가 가능한 ‘결혼한 친구네 집’을 방문할 기회가 있다. 통상 ‘집들이’라고 한다. 즐겁게 먹고 마시고, 축하하는 자리가 될 수도 있지만, 누군가에게는 지금까지 어렵게 헤쳐 온 결혼 준비의 과정을 일거에 날릴 수 있는 강력한 힘을 가진 지뢰밭이 될 수 있다. 내가 주인이든 손님이든 관계없이 누군가에게는 부담이 되는 자리이고, 누군가에게는 비교의 자리가 바로 집들이다. 정말 참가자 모두가 허물없이 지낼 수 있는 사이라고 해도 내면 깊은 곳에서부터 질투 혹은 부러움의 감정이 생길 수밖에 없다. 슬기롭게 넘길 수 있는 경우도 있지만, 집들이의 작은 불씨는 큰 화마가 되어 돌아올 수 있다. 2000년대 이후 집들이의 문화가 서서히 사라지고 있는 이유를 곰곰이 잘 생각해 보자. 빈부격차, 주택 가격의 상승, 공감과 인정보다 시기가 앞서는 극도로 개인주의적 사회와 아무런 관련이 없을까? 당신은 이미 정답을 알고 있다. 집들이. 피할 수 있으면 피하자.

/ 결혼 후 /

웰컴 투 시월드
웰컴 투 처월드

결혼이라는 과정을 거친 후 부모님과 함께 생활한
'집'에 대한 인식은 극적으로 변한다. 나의 본가는
아내의 시댁 식구들 또는 남편의 처가 식구들이
바글거리는 무시무시한 장소다.

신혼여행이 지옥행이 된 이유

"떠나요~ 둘이서~ 모든 걸 훌훌 버리고~"

허니문Honey Moon. 말 그대로 꿀이 줄줄 흘러 떨어지는 시기다. 꿀같이 달콤한 달이라는 뜻으로, 결혼 직후의 즐겁고 달콤한 시기, 즉 '신혼'을 뜻하는데, 신혼여행을 의미하는 단어로도 쓰인다. 뜻풀이를 찾기 위해 인터넷 사전을 뒤적이는 데 허니문과 관련해 새로운 신조어들이 눈에 띈다. 신혼부부가 허니문을 같이 가는 게 아니라 각자의 취향이나 개인 사정에 맞게 따로 여행을 떠나는 '솔로문'이라는 게 생겨난 것이다.

요즘은 결혼 전에도 연인끼리 국내는 물론 해외 멀리까지 여행을 다녀오는 일이 흔하다. 불과 수년 전만 해도 이를 보는 시각은 꽤나 보수적이었다. 하지만 세상은 변하고, 꼭 결혼을 전제하지 않더라도 함께 여행을 다녀오는 일이 흔해졌다. 그래도 여전히 아직까지는 신혼여행만큼 일주일 안팎 혹은 그 이상의 긴 시간을 함께 보내는 여행을 다녀오는 사례는 흔치는 않다. 무엇보다 중요한 것은, 연애와 결혼이 다르듯, 연인과 떠난 여행, 부부가 되어 새로운 출발을 기념하기 위해 떠나는 여행은 엄연히 그 느낌과 마음가짐이 다르다는 것이다.

결혼을 하고도 연인처럼 지내는 부부도 있지만, 이 책에서 말하고자 하는 것은 그러지 못한 이들을 위한 이야기다. 아마도 대부분에게 생애 가장 비싼 여행일 수 있는 신혼여행에는 제1차 부부대전이 발발할 수 있는 도화선이 곳곳에 숨겨져 있다. 토요일 늦은 밤 혹은 일요일과 월요일 새벽 인천국제공항 출국장을 찾아본 경험이 있다면, 해당 시간에만 볼 수 있는 진귀한 광경을 목격했을 것이다. 수백 미터 밖에서 봐도 한 번에 알아볼 수 있는 신혼부부 특유의 커플

룩과 스킨십들이 넘쳐난다. 놀랄 일이 아니다. 그리고 공항 한편에는 커플룩을 입은 채로 싸우고 있는 신혼부부도 항상 볼 수 있다. 오랜 기간 준비에 따른 피로와 예식의 긴장 끝에 결혼식을 마무리하고, 신혼여행을 떠나려는 순간 부부는 서로를 향한 날카로운 창의 끝을 끝내 숨기지 못한다. 과정 자체가 워낙 육체적으로, 정신적으로 피곤한 일이었기에 참았던 분노와 설움이 공항에서 터져버리는 것이다.

대부분 신혼여행의 목적지로 평소 꿈꿀 수 없는 특별한 장소를 택한다. 보편적인 한국 사회의 기업 문화 특성상 일주일 이상 내기는 쉽지 않고, 간혹 일주일 이상 긴 휴가를 쓸 경우에는 언제 쓸 수 있을지 모르는 기회라는 점에서 평소 연차 휴가로 방문하기에는 부담스러운 곳으로 여행지를 택하다 보니 결혼식을 마친 뒤 최대한 빨리 비행기에 몸을 싣는 경우가 적지 않다. 지친 몸을 이끌고 장시간 비행으로 신혼여행지로 떠나기 때문에, 이러한 피로가 사람을 예민하게 만들고, 그러한 예민함이 서로에 대한 짜증과 불만, 다툼으로 이어질 수 있다. 물론 공항까지 가지 않더라도 전쟁의 불씨는 많다. 예를 들자면 결혼식을 마친 뒤 축의금 내역을 확인하는 과정에도 서로의 감정이 상하는 일이 발생할 수 있다. 축의금의 액수는 물론 출처, 축의금을 가져갈 주체가 누구인지에 대해서도 고민과 서운함, 눈치가 생긴다.

해외 출장 내지 해외여행을 다녀오면 가족, 친구, 지인, 회사 동료를 위한 현지 선물을 사 오는 게 흔한 문화다. 요즘은 해외여행이 워낙 흔하고 빈번해져서 그냥 넘어가도 크게 무리는 아니지만 유독 신혼여행을 다녀올 때는 직장 동료들뿐만 아니라 친가와 처가의 선물을 사 와야 한다는 부담이 따른다. 어떤 선물을 사야 하는지 고민과 더불어, 어느 정도 가격대의 선물을 사야 하는지도 신혼여행 기간 마음 한구석을 불편하게 한다. '견제와 균형'은 남북정상회담 혹은 미국과 러시아의 외교와 정치 무대에서만 쓰이는 말이 아니다.

물론 가족과 친지를 위한 선물만 있는 것은 아니다. 가장 먼저 신경을 써야 할 것은 아내를 위한 명품 가방이다. 신혼여행을 떠나면 하나 정도는 장만하는 것이 마치 공식처럼 된 요즘이다. 아니, 하나 정도는 소박하다. 적당한 크기의 가방과 그 안에 쏙- 들어갈 만한 작은 지갑, 등등 욕심은 한도 끝도 없다. 물론 한국보다 해외가 저렴한 경우가 있고, 면세도 가능하며, 종류도 다양하기에 나름 알뜰한 구매의 기회가 될 수도 있지만 욕구가 정당화되는 계기이기도 하다.

"하와이행 xx 항공 탑승 마감합니다! xxx 손님!"

"xxx 손님 안 계신가요~? 사이판행 xxxx 항공 최종 탑승 마감합니다!"

실제로 공항 한편에서 벌어지는 신혼부부의 싸움은 주로 면세품 인도장에서 벌어진다. 상대방 모르게 과도한 면세품을 구매한 신부, 비행기를 놓칠 것 같으니 추후에 환불 처리를 하자는 신랑, 탑승 시간이 늦었지만 반드시 면세품을 찾아야 한다는 신부, 이들을 찾기 위해 구두가 닳도록 뛰어다니는 항공사 직원들. 나와 아내의 이름이 들리지만, 애써 모른 척 하며 싸우는 부부. 신혼여행이 아닌 지옥행이 시작되는 순간의 모습이다.

신혼여행의 출발을 무탈하게 통과하면 다음 관문이 기다리고 있다. 신혼여행에는 신비로운 마법이 있는데, 평생 골치를 썩이던 아들을 효자로 만들고, 출가외인이 된 딸을 효녀로 만든다. 결혼식을 치르며 값비싼 물건과 서비스에 사정없이 신용카드를 긁고, 신혼여행지의 고급 풀빌라에서 호화로운 시간을 보내다 보면 평생 고생만 한 우리 엄마, 아빠가 눈에 어른거린다. 아들, 딸을 장가, 시집보내느라 집안 기둥뿌리를 하나 뽑고, 당신은 온갖 고생으로 점철된 삶의 노후도 불안정하게 살아가야 하는 상황이 이제야 헤아려진다. 물론 집안 형편이 좋고 여유롭다면 별문제가 될 일이 아니다. 하지만 양가 부모님의 재정 상황이 넉넉하지 못할 경우에는 또 다른 문제의 시발점이 될 수 있다. 결혼 생활 중 발생하는 대부분의 다툼이 바로 돈 문제에서 시작된다. 지금까지 거친 호화로운 결혼식과 그 정점에 있는 신혼여행 그리고 쇼핑. 부부갈등을 넘어 고부갈등의 시발점이 될 수 있다.

잘 다녀와

우리 4시 비행기니까
집에서 좀 쉬다 가면 되겠다
응!

짐은 다 잘 챙겨 둔 거지?

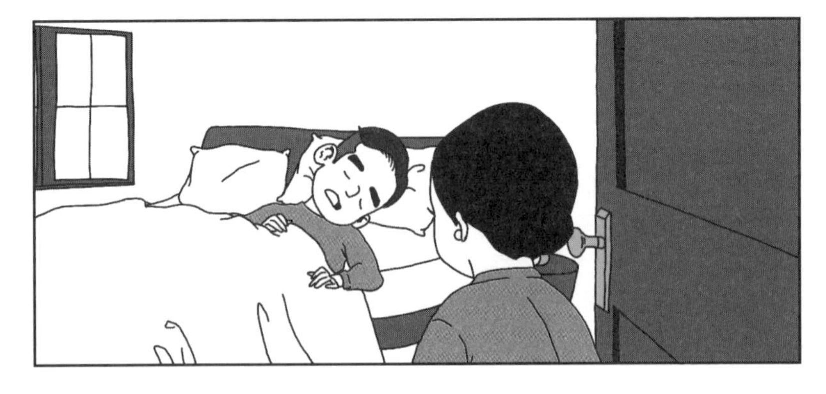

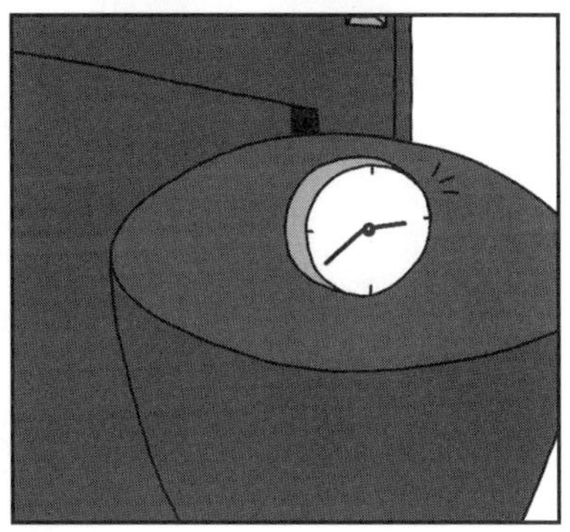

늦었다!!!

자리 예약을
왜 안 했지…
하하
나도 생각 못 했네…

우와 !! 바다 좀 봐
우리 나가서 수영할래?

조 ㅡ 용

어설픈 효심은 부부 관계의 독이다

결혼 전에는 소중한 시간을 내서 데이트를 하고, 다음 만남을 기다리며 애틋했던 여자친구다. 하지만 이제는 아니다. 매일 집에서 함께 생활하는 가족이 되면서 애틋함의 대상이 바뀐다. 매일 보던 부모님은 명절이나 생일에만 만날 수 있는 상대가 된다. 갑자기 효심이 지극해지고 엄마의 집 밥이 그리워진다. 이 '어설픈' 효심, 부부 관계에는 독이다.

딸을 시집보내는 부모의 마음만큼, 아들을 장가보내는 엄마의 마음도 서운하다. 신혼에 주의해야 하는 것은 이러한 엄마와 아내의 마음과 관계를 잘 조율하는 것이다. 이걸 실패하면 결혼 생활의 평화를 기대하기 어렵다. 초기에 관계를 잘 정립하지 못할 경우 평생 전장의 한가운데에서 양쪽의 총알을 맞으며 살아야 한다. 그나마 다행이다. 평생을 살기 전에 결혼 생활에서 전사할 수도 있다. 전형적인 고부갈등은 가족 관계의 파

괴로 이어진다. 그러니 결혼 생활이 시작된 이후에는 양가 부모님께 특별한 일이 아니라면 '똑같이' 선물하는 것이 현명한 선택이다. 둘 중 한쪽에게 서운하게 준비하면 별것 아닌 일에도 서운함이 증폭될 수 있다. 당장은 서운하지 않은데, 당황스럽게도 6개월 후 '서운했던' 일로 소환될 수 있다. 그래서 효도는 결혼 전에 미리 충분히 해둬야 한다. 결혼 전에는 부모님 생각은 한구석에 치워놓고 연애한다고 여자 친구에 푹 빠져서 지내다가, 결혼 뒤에는 갑자기 효자로 변신해서 부모님을 챙기겠다고 나서면 "결혼하더니 변했어"라는 소리와 더불어 고부갈등의 중심에 서게 된다. 안 그래도 시댁은 불편하고 어려운 존재인데, 나만 바라보고 아낌없이 사랑을 주던 '남편'이 '마마보이'처럼 굴면 아내의 서운함은 분노로 이어진다.

아내 먼저, 장모님 먼저, 장인어른 먼저 생각해야 한다. 그게 결국 어려운 시댁을 향한 아내의 마음을 열고, 아내의 노력을 끌어낼 수 있는 방법이다. 다시 한번 강조하지만, 효도는 결혼 전에 미리 열심히 하길 바란다. 이미 늦었다면 아내 몰래 해야 한다. 절대 흔적을 남기면 안 된다. 미리 부모님과도 입을 맞춰야 한다. 우리네 삶에 찾아오는 마음의 괴로움은

“”

뒤늦게 찾아오는 깨달음이 주는 경우가 많다. 지금까지 잘못 살아온 내 잘못이다. 앞으로의 삶까지 망치고 싶지 않으면, 신혼여행은 온전히 아내와, 서로를 위해 아낌없이, 완벽하게 보내야 한다. 사랑하는 아내에게도 생애 한번뿐일 결혼식이었고, 한 번뿐일 신혼여행이다. 내게도 그럴 테니 다른 생각 말고 즐겨라. 아내도 마음 한구석에는 부모님 생각이 들 것이다. 효도는 미리 하고, 아내한테 잘해라. 그게 결국에는 결혼 후의 진정한 효도로 이어질 것이다.

첫날밤을 망치는 방법

"아… 피곤하다, 정말 정신없었네."

첫날밤은 역사가 이루어지는 밤이다. 신혼여행지에서 단둘이 처음 침대에 누워, 평생 함께 그려 나아갈 미래에 대한 청사진을 그리는 순간. 둘은 진한 눈빛을 교환하고 서로에 대한 사랑을 확인한다. 둘의 마음과 몸이 '드디어' 완전히 하나가 되는 순간. 아마도 쌍팔년도까지는 그런 의미였을 것이다. 물론 당시에도 첫날밤이 처음이 아닌 경우가 많았을 것이고, 지금도 남녀가 육체적으로 처음 관계를 맺는 일은 결혼식의 시점보다 훨씬 빠르다. 굳이 결혼이 아니더라도 말이다. 문제는 둘의 역사가 이뤄지는 첫 밤이 아닌 결혼식을 마치고 처음 맞이하는 밤이다.

혼돈 속에 결혼식을 치르고 나면 모두의 진이 빠진다. 신혼여행지에 도착했거나, 결혼식을 한 장소 혹은 공항 근처에서 첫날밤을 맞이한다. 말 그대로 둘이 부부가 되었음을 세상에 정식으로 알리고 가지는 첫 밤이다. 로맨틱과는 거리가 멀다. 새벽부터 메이크업 숍에서 평생 받아본 적 없는 두꺼운 신부 화장을 하고, 결혼식 땐 알지도 못하는 처음 보는 사람들 앞에서 억지웃음을 짓고, 불편한 웨딩드레스와 턱시도를 입고 뜨거운 조명 아래 벌을 서는 것도 모자라 한복을 입고 왜 하는지도 잘 모르는 폐백까지 소화한 다음이라면, 그저 뻗어버리고 싶은 생각밖에 없는 것이 정상이다. 야구로 치면 자정을 넘긴 연장전, 축구로 치면 연장전 후반에 승부차기 주자를 각각 10명까지 내세워 겨우 끝낸 경기인 셈이다. 혹시 감정적인 소비까지 있었다면 당신은 이미 첫날밤을 망칠 수 있는 최적의 조건을 갖췄다. 여기에 주변 가족 혹은 친지의 부정적인 감정과 피드백 혹은 간섭까지 개입한다면, 이혼행 특급열차가 따로 없다.

첫날밤 호텔방의 풍경은 수많은 머리핀과 함께한다. 남녀 모두 아마 평생 한 번도 보지 못한 엄청난 머리핀이 신부를 아름답게 만들었던 '올림머리'에 숨어있었다. 뽑고 또 뽑아도 또 나오는 머리핀들. 머리핀을 모두 제거해 감고 또 감아도 강력한 스프레이에 굳어버리고 떡이 져버린 신부의 머리카락은 좀처럼 풀리지 않는다.

"아니 머리에 무슨 핀을 이렇게 많이 박아? 이러다 밤 새우겠네. 잘 좀 감아봐. 안 풀리잖아."
"왜 나한테 그래? 더 힘든 건 당사자라고. 여자의 고충을 알아?"

어림잡아 1시간은 쉽게 흐른다. 쉽게 풀리지 않는 머리카락은 마치 앞으로 다가올 결혼생활 혹은 당장의 고난을 예고하는 듯하다. 첫날밤에 풀어야 할 것은 핀과 머리카락뿐만이 아니다. 긴장의 고삐가 풀리면서 결혼식을 준비하며, 결혼식 과정에서 서운하거나 상처를 입었던 크고 작은 일들이 터져 나온다. 10년 만에 만난 친척이 한 실언, 고등학교 동창 혹은 친한 직장 동료들이 나타나서 짓궂게 장난 삼아 던진 한 마디, 폐백에서 눈치 없는 집안 어르신께서 하신

말씀은 평생을 따라다닐 싸움과 원망의 소재다. 여기에 '비교'와 '~카더라'라는 절대악이 결합되면 서로의 자존심을 건드리는 일은 피할 수 없다. 사태는 누구도 걷잡을 수없이 커진다.

"지난번 셋째네 장가갈 때에는 신부가 아주 참하던데~."

"사돈이 독하게 생겼네. 고생 좀 하겠어."

"신부가 나이가 많나? 한쪽이 돈이 많다고 하더라고."

"미리 혼수가 마련됐다던데? 지금 8주라는 것 같더라고. 아닌가?"

"신부가 참 튼튼하네. 집안일을 아주 잘 하겠어."

결혼은 둘만의 일이 아니라, 집안과 집안의 결합이다. 이것이 바로 결혼이 더욱 힘들고 어려운 이유다. 서로가 날카로워진 상황은 이미 한껏 낮아진 발화점을 더욱 낮게 만든다. 그냥 넘길 수 있는 조그마한 일에도 큰불이 붙는다. 해결 방법은 두 가지다. 싸워서 이기거나, 낮게 엎드려 피하는 것 밖에 선택의 여지가 없다. 물론 싸움에서 이긴다는 보장은 없다. 싸워서 모든 것을 원점으로 돌리는 것도 또 하나의 다른 방법이다. 당신은 무엇을 택하겠는가? 판타지를 깨고 나온 신혼 첫날밤의 전쟁과 같은 일들은 살아가며 수도 없이 펼쳐질 것이다.

축 결혼

이제 다 끝났다!
하악
하악

아니야 저기 봐

진짜 첫날밤에 꼭 해야할 일

새로운 삶을 함께 시작하는 첫날밤은 각자 정의하기 나름이다. 결혼식을 치른 후 맞이하는 첫 번째 밤이기도 하고, 둘이 하나가 되어 앞으로의 삶을 그려보는 첫 번째 밤이기도 하다. 신혼여행지에서의 첫날밤일 수도 있고, 결혼식과 신혼여행을 마친 후 우리 둘만의 보금자리에서 제대로 한 침대에 누워 천장을 바라보는 밤이기도 하다. 시기는 중요하지 않다. 함께 출발선에 서서 같은 곳을 바라보고 달리기를 시작하기에 앞서 서로에 대한 믿음을 확인하고 각오를 다지는 시간은 반드시 필요하다. 결혼 준비에 바빠서, 신혼여행을 즐기느라 정신이 없어서, 모든 것을 마친 후에는 다시 직장과 일상에 돌아가기에 바빠 흐지부지 보내는 이들이 예상외로 많다.

첫날밤은 꼭 불이 꺼진 후의 상황이라고만 생각하면 편협한 시각일 수도 있다. 신혼여행지도 좋

“ ”

고, 모든 것을 마치고 일상으로 돌아온 후 진지한 대화의 시간을 꼭 가지길 바란다. 촛불에 와인 한 잔도 좋고, 닭발에 소주 한 병도 좋다. 앞으로 살아갈 날들에 대한 이야기를 나누고 서로를 격려해야 한다. 모두가 처음 하는 결혼이고 처음 맞이하는 '타인과의 삶'이다. 연애를 할 때 둘은 정말 잘 맞았기에 결혼에 골인했지만 앞으로 살아갈 날들은 맞지 않는 일들 투성이일 것이다. 작은 의견 충돌은 기본이다. 큰 싸움과 전쟁들이 남아있다. 물론 행복한 일들도 많겠지만, 서로를 맞추어 가는 과정들이 필수적이다. 모든 과정의 첫 단추가 바로 '진짜 첫날밤'이다. 서로를 향한 다짐이기도 하지만 무엇보다 스스로를 향한 다짐의 밤이다. 분위기에 취해 아름다운 밤을 보내는 것은 각자에게 맡긴다. 중요한 것은 이런 첫날밤의 모습, 순간, 마음가짐을 오래도록 기억할 수 있어야 한다.

결혼, 둘이 하나가 된 새로운 삶의 '초심'에 기준점이 있다면 바로 이 밤이 될 것이다. 결혼의 과정에서 생겼던 크고 작은 충돌과 아쉬운 점을 털어내고 서로를 향한 믿음과 사랑으로 가득 채우는 밤이다.

시댁에서 잠 못 이루는 밤

우리나라에는 신혼여행을 다녀온 뒤 양가에서 하룻밤씩을 보내야 하는 전통이 존재한다. 신혼여행에서 돌아오면 먼저 처가를 들러 인사하고 하룻밤 자고 난 뒤, 친가로 이동해 인사하고 하룻밤을 보내고 신혼집으로 돌아오는 것이다. 새로 가족이 되었으니 하룻밤을 함께 보내며 가까워지는 시간을 갖는 취지로 볼 수 있지만, 이는 과거에 시집가는 것을 '출가외인'이라 하며 시댁으로 영영 떠나 살게 되는 상황으로부터 이어진 풍습인 것 같다. 중요한 것은 그 유래가 아니라 지금 이 전통과 문화가 부부의 삶에 어떤 영향을 미치고 있느냐다.

요즘은 어느 쪽이든 결혼 후 부모님과 함께 사는 경우가 드물다. 신혼부부의 경우는 사례를 찾기 어려울 정도로 일어나지 않는 일이다. 따로 가족 여행을 떠나지 않는 한 평생 함께 살아온 부모님과 하룻밤을 지새우는 일은, 설과 추석 등 명절이 아니면 없을 일이 된다. 그런 점에서 신혼여행 후 양가 부모님의 집에서 하룻밤을 보내는 것은 돈독하고 화목하게 지내온 가족의 경우 나쁘지 않은 의식이 될 수 있다. 문제는 이때 각각 사위와 며느리를 대하는 방식이 앞으로의 삶에 지대한 영향을 끼친다는 것이다. 단 하룻밤의 경험 때문에 시댁은 가기 싫은 곳, 처가는 불편한 곳이 되어버릴 수 있다.

여전히 시댁과 처가의 인식 차이가 존재하는 와중에 사회 변화가 이뤄지고 있는 '과도기'에는 작은 일로도 서운한 감정이 생길 수 있다. 냉정하게 아직 우리 사회에서 무게추는 남자에게 쏠려 있다. 사위가 오면 씨암탉을 잡는다는 처가 방문과 달리, 여전히 이 땅의 며느리들에게 시댁은 어려운 곳이다. 시어머니들은 자신이 살아온 시대에 당한 엄혹했던 시집살이를 대물림하지 않겠다고, 나는 다르다고 생각하고 있지만, 평생을 살아오며 체화된 인습과 경험을 의식

으로 이겨내기란 결코 쉬운 일이 아니다. 자기도 모르게 며느리란 응당 이래야 한다는 생각이 마음 한구석에 자리잡고 있다. 물론 이 땅의 모든 시어머니들은 기어코 본인만은 그런 시어머니가 아니라고 할 것이다. 하지만 현실은 정반대다.

1997년 개봉한 윤소정, 최지우 주연의 영화 「올가미」는 아들에게 병적으로 집착하는 어머니의 이야기를 다루고 있다. 뱃속에서부터 평생을 키워온 아들이, 아내를 맞이하고 새로이 가정을 꾸리고 나면 어머니는 연인과 사별하는 듯한 심정적 고통을 느낀다는 이야기가 있다. 서운하고, 그립고 아쉬울 수밖에 없다. 아들을 위해서라도 이미 부부의 연을 맺은 며느리를 딸처럼 대해주고자 생각하지만, 인사할 때 한 번씩 보던 때와 달리 1박 2일을 집 안에서 함께 보내며 생활을 하고, 대화를 하고, 또 아들과 지내는 모습을 보다 보면 거슬리는 일이 생기지 않을 수 없다. 아들처럼 편안하게 잔소리를 할 수 있겠지만, 시어머니의 잔소리는 단순한 잔소리가 아니다. 또한 은연중에 며느리보다 아들을 더 챙기는 모습이라도 보인다면, 처가 방문 당시 극진한 대접을 받던 남편의 모습과 대조적인 자신의 상황에 며느리는 생각 이상으로 큰 서운함을 느낄 수 있다. 시댁은 결국 시댁이고, 시어머니는 어머니가 아니라 결국 시어머니라는 현실을 자각하는 것에는 결코 긴 시간이 소요되지 않는다. 그리고 곧 남편과의 다툼으로 이어지기 쉽다.

직접 서운함이나 서러움을 겪을 상황이 아닌 남편은 '그럴 수도 있지'라든지, '원래 한국 사회의 인식이 그렇잖아'라든지, 하는 말로 아내가 예민하게 군다고 생각하고 대수롭지 않게 넘어가기도 하는데, 이는 아내의 실망감을 더 크게 만들 뿐이다. 연애하면서 나를 여왕처럼 받들던 남편이, 결혼 후에는 자신이 어디를 가든 왕처럼 대접받는 반면, 자신은 그 왕을 모시는 사람같이 느껴지면 결혼이 후회되고, 지금 상황이 속상할 수밖에 없다. 시댁에서의 첫날밤을 보내기 전에 이러한 점을 미리 알고 대비한다면, 오히려 고부간의 사이를 더 돈독하게 만들어 향후 이어질 시댁 방문, 그리고 어머니와 아내의 관계를 매끄럽게 만들 수 있다. 미리 알고 대비하는 것과 모른 채 이 상황을 맞이해 관계에 금이 가는 상황을 만드는 것은 큰 차이가 있다. 엎질러진 물은 주워 담을 수 없고, 한 번 서운한 마음을 되돌리기란 사실상 불가능에 가깝다. 결혼 전 상상 속 시댁에 대해 들어왔던 여러 가지 부정적 이야기들이 모두 현실이었다는 것을 느낀 아내는 허탈함, 실망감을 넘어 남편에게 뒤통수를 강타 당한 기분이다. 신혼여행을 마치고 시댁까지 온 상황에서 시계를 되돌릴 수도 없기에 이유 없이 눈물만 흐른다. '우리 엄마'가 보고 싶을 것이다.

시댁의 입장에서는 '어차피 가족이 되었는데' 굳이 이렇게까지 신경을 써야 하는지 생각할 수 있지만, 그런 생각 자체가 '갑'의 위치에서 내리는 판단이다. 며느리에겐 시댁이 낯설고 어렵다는 것을 재차 상기해야 한다. 그러니 작은 것 하나도 배려하고, 편안하게 해

줘야 이후 아들 내외를 만나고, 언젠가 손자와 시간을 보내는 일이 더 즐거울 수 있다는 것을 생각해야 한다. 그리고 이 점을 부모님께 잘 이야기해서 중간 역할을 해야 하는 것이 바로 남편이다. 물론 무턱대고 부모님을 찾아가 마치 선전포고를 하거나, 주의사항을 읊어 내리는 것 같은 행동은 금물이다. 부모님도 영화 「올가미」처럼 아들을 며느리에게 빼앗긴 심정일 수 있다. 그러니 아들로서, 남편으로서 중간 지대에서 조율의 역할을 잘 해야 한다. 가끔은 선의의 거짓말도 필요하다. 평화로운 가정을 위한 일이다. 한순간의 방심으로 발생하는 작은 실수가 부부 사이의 불화, 아내와 시어머니의 불화, 나와 내 어머니 사이의 돌이킬 수 없는 거대한 불화의 씨앗이 될 수 있다.

후 떨린다

오빠가
눈치껏
다 알아서
할 테니까
너무 긴장하지
마!!

진짜 오빠만 믿는다
알았지?

저희 왔어요

왔니? 잘왔다
배고프지 밥해놨어 들어와

하 하
호 호

잘 먹었습니다
설거지는 제가
할게요 어머님 !!
에이 무슨 설거지야
좀 쉬어야지

설거지는
이따 엄마가
알아서 할 거야

그래 들어가 쉬거라

뿌듯

. . .

어머님

제가 할게요
어우 아니야
얼마 안 돼

엄마 나 커피 좀
나도

너네 이제 늦었는데
가야 하지 않니?
벌써?

늦었는데 그냥
자고 갈까?

괜찮지?
응..

"아내의 시댁에서 맞이하는 첫날밤에 지켜야 하는 것"

결혼이라는 과정을 거친 후 부모님과 함께 생활한 '집'에 대한 인식은 극적으로 변한다. 부모님과 함께 생활을 했다면, 청소, 빨래, 기타 등등 크게 신경 쓸 것이 없는 편안한 장소, 의식주를 한 번에 해결할 수 있는 안식처였을 수 있다. 물론 개인의 사정에 따라 다르겠지만 '엄마 집' 혹은 '우리 집'의 의미에서 '본가'라는 지금껏 생소했던 의미가 부여되는 것은 누구나 마찬가지다. 꿈속에서나 닿을 수 있을 것 같은 아련한, 상상 속의 유토피아, 어린 시절 '고향'이 가지고 있는 포근한 봄날의 이미지가 본가에 주어진다.

하지만 나의 본가는 아내의 시댁 식구들이 바글거리는 무시무시한 장소다. 신혼여행을 다녀온 후 방문하는 아내의 시댁.

널브러져 쉬고 싶지만 가시방석이다. 고향 같은 포근한 장소, 세상에서 가장 안전한 장소가 분

❝❞

명한데 아내에게는 아니다. 남편들은 한껏 긴장하고 모두의 눈치를 보고 있는 아내의 눈치를 봐야 한다. 대부분의 부모님은 아들인 당신에게 "앉아서 쉬어라", "피곤할 텐데 방에 가서 좀 자라"라고 할 것이다. 신혼여행은 분명 함께 다녀왔는데 아들만 유독 피곤해지는 마법의 장소다. 이와 같은 현상은 결혼 이후의 삶에서 지속된다. 명절을 맞이해 먼 길을 이동한 후에도 신기하게도 아들의 피곤함만 보이는 장소다.

어떤 일이라도 마찬가지겠지만, 모두에게는 첫 경험이 중요하다. 나의 부모님과 가족이 살고 있는 집에서 잠시나마 함께하는 하루를 보내는 아내에게도, 새로운 식구를 맞이하는 아내의 시댁 식구들에게도 모두 마찬가지다. 앞으로 펼쳐질 나의 삶이 피곤해지지 않기 위해서는 눈치 싸움을 잘 하자. 누나, 여동생, 엄마에게는 결코 보여주지 않았던 자상하고 다정한 모습이나, 반대로 기가 죽어 절절매는 모습을 섣불리 노출하면 안 된다. 심하게는 결혼 후 독재자의 폭거에 시달리는 아들의 모습으로 인식하는 경우도 있다.

물론 반대급부도 생각해야 한다. 한없이 달달하던 남편이 시댁에만 가면 무뚝뚝하기 그지없는 사람으로 변한다면 아내는 '속았다' 혹은 '과연 저 남

“”

자의 진짜 모습은 무엇일까? 5년, 10년 후 변하는 것이 아닐까?'라는 생각이 들 수밖에 없고, 시댁은 기피 장소로 변모할 수밖에 없다.

현명한 남편이라면 미리 양쪽에 다른 귀띔을 해놓자. 향후 시댁에 대한 긍정적인 인식을 미리 주기 위해 자신이 조금 돕겠다는 말, 오늘의 1박 2일이 아들을 위한 시간이 아니라 새로운 가족이 된 며느리를 환영하는 시간이라는 말을 내 가족들에게 하자. 아내에게는 며느리가 점수를 따는 걸 돕기 위해 눈치껏 돕겠다는 말을 건넬 수 있을 것이다. 식사를 마치고 설거지를 할 때 함께 그릇을 옮겨주고, 아내가 불편해하는 기색을 보이면 적당히 상황을 전환시킬 수 있는 기민한 움직임이 필요하다. 첫 단추만 잘 꿰어도 거대한 불화의 단초 하나를 없앨 수 있다.

씨암탉 잡아주는 처가, 잊어선 안 될 '사위 티켓'

'씨암탉의 반대 말은 무엇인가요?'

'사위입니다.'

포털 사이트의 지식 공유 서비스에 등장한 질문과 재치 넘치는 답변이다. '처가에 가면 장모님이 씨암탉을 잡아준다'는 말은 누구나 한 번쯤 들어봤을 것이다. 하지만 수많은 닭의 종류에서 하필 '씨암탉'이 등장하는 이유에 대해서는 유래를 모르는 이들이 의외로 많다. 씨암탉은 말 그대로 '씨를 받기 위하여 기르는 암탉'이다. 소도 있고, 돼지도 있고, 오리도 있는데, 왜 하필 닭일까? 예로부터 사위가 오면 집에서 기르던 닭을 가장 귀한 음식으로 내주었는데, 이는 경사롭고 즐거운 날에 오르는 음식 중 하나가 닭이었던 것에 유래한다. 특히 결혼과 같은 경사로운 일에는 악귀를 쫓고 복을 부르는 의미가 있다. 전통혼례의 폐백을 보면 상에 반드시 닭이 등장한다. '백년손님'인 사위에게 씨암탉을 잡아준 것은 양기가 넘치는 닭을 먹여 임신을 기원할 뿐만 아니라 앞날에 대한 축하와 행복을 비는 의미가 담겨 있다.

이제는 더 이상 마당에 닭을 기르지 않는 시대다. 씨암탉은 사라졌지만 마음은 변하지 않았다. 사위를 극진히 대접하는 이유는 출가한 딸의 배우자로서 역할을 잘 해달라는 부탁의 마음이 담겨있다. 이런 마음이 비단 밥상에만 담겨있는 것은 아니다. 처가에 가서 반찬 그릇이라도 조금 옮기려 하면 장모님은 아마도 "그냥 앉아서 편히 쉬어라"라고 할 것이다. 물론 아내는 딸로서 집안일을 돕고 있다. 입장 바꿔 생각하면 아내는 친정에서도, 시댁에서도 손에 물을 묻혀야 하니 도통 억울한 일이 아닐 수 없다. 그나마 친정에서는 마음이라도 편하니 다행이지만, 이런 오래된 관습과 인식은 쉽게 변

하지 않는다.

남자의 입장에서는 처가에 가도 '프리패스'가 주어지고, 본가에 가도 편히 발을 뻗을 수 있으니 세상 이보다 좋을 수 없다. 물론 상황에 따라 어디에서나 아내의 눈치를 봐야 하지만 어떠한 경우라도 유리한 상황임은 분명하다. 이 상황을 한껏 즐기기만 한다면 부부관계는 파국으로 향할 수밖에 없다. 때문에 '보여주기'를 위해서라도 행동이 필요하다. 작은 노력으로 모두가 행복해질 수 있다. 처가에 가서 앉아만 있고, 주는 밥만 받아먹으며 하품만 날리는 우를 범하지 않길 바란다.

"귀한 아들을 하나 얻었다고 생각할게요."

상견례 혹은 결혼식에서 처가 식구들이 시댁 식구들에게 하는 이야기다. 진짜 아들이라면 손가락 하나 까딱하지 않고 마치 방관자처럼 편안히 누워 있겠지만 사위는 진짜 아들이 아니다. 남의 집의 귀한 딸을 훔쳐 간 도둑인 만큼 나름의 죗값을 치러야 한다. 징벌적 상황은 아니니 크게 걱정하지 않아도 된다. 죗값은 사실 은근히 싸고 효과는 의외로 대단하다. 처가에서도 최소한의 할 일을 찾아서 스스로 나서는 것이 영리한 행동이다. 장모님은 말리겠지만 말이다. 처음에는 불편할 수 있지만 노력의 과정을 약간 거쳐 습관이 되면 편하다. 일부러 장을 보러 함께 가는 일을 만들어 장바구니를 들어 드려도 좋고, 어르신들이 귀찮거나 힘들어서 옮기지 못했던 집안의 큰 짐을 옮기는 간단한 일, 처가의 자가용 키를 받아 세차를 말끔히 해 드려도 좋다. 은퇴 후 헛헛함을 느끼고 있는 장인어른과 함께 즐기고 공유할 수 있는 것을 찾아도 좋다. 낯이 간지럽다면 가끔 부부 영화 티켓을 아내 몰래 선사하자. 명절이나 생신 등이 아닌 시기에 건강식품을 챙겨드려도 좋다. 사위가 그저 손님으로 처가에 온 것이 아니라 어디선가 보탬이 되는 사람으로 삶에 등장했음을 인식시켜주자. 더 나아가 가끔 힘들 때 부탁을 할 수 있는 '일꾼'이 늘었다는 인식을 잠깐이라도 심어줄 수 있다면 금상첨화다. 30분 세차를 하고 왔을 뿐인데 장모님은 누군가에게 가서 마치 새 자가용이라도 받은 듯 사위 자랑을 할 것이고, 흔한 영화 티켓 두 장을 드렸을 뿐인데 자상하고 배려심이 깊어 영화관을 통째로 대관이라도 한 듯 사위 자랑을 할 것이다. 아내는 남편이 애써 자신의 부모님께 나름의 역할을 하려 노력한다는 모습에 미소를 지을 것이다. 아내의 만족은 결국 나의 편안함으로 돌아온다. 또한 아내가 시댁에 하는 행동에도 영향을 끼칠 수밖에 없다. 처가에 선사하는 '사위 티켓'은 나에게는 또 다른 '행복 티켓'이다.

저희 왔어요

많이 먹게 낭
네..

오느라 피곤했을 텐데
들어가 좀 쉬게
후식 줄까? 과일?

같이하자 엄마
도와주려고?
웬일이야

피곤하면 방에
들어가서 좀 자도 되네
후식으로 과일줄까?
커피? 차도 있고
아 아니요

처가에서 하지 말아야 할 말

처가에 가면 장모님을 비롯한 처가 식구들은 최대한 사위를 편안하게 해 주기 위해 노력한다. 이제는 식구가 되었지만 귀한 손님이 온 것이라고 여기기 때문이다. 어디서 굶고 다닌 것도 아닌데 끊임없이 맛있는 음식들과 과일, 간식들을 내어주신다. 애써 자그마한 일이라도 도우려 해도 장모님을 필두로 한 철벽에 틈을 찾기란 쉬운 일이 아니다. 만약 아내까지 장모님의 뜻을 거든다면 처가에서의 자유를 즐기면 된다.

물론 긴장의 끈은 놓지 말아야 한다. 말과 행동에서 사소한 실수가 마음을 상하게 할 수 있다. 아직 시집 장가를 가지 않았거나, 취직이 힘든 형제들이 싫어할 만한 이야기는 결국 반격으로 돌아올 수 있다. 또한 부부간에 있었던 작은 부부 싸움 이야기를 한다거나, 화기애애한 분위기에 휩쓸려 아내가 기분 나빠할 수 있는 험담은 금물이다. 결국 처가는 아내의

“”

집이고, 처가 식구들의 팔은 안으로 굽게 되어있다. 장난스럽게 아내의 행동에 대한 일을 입 밖으로 꺼냈다고 가정해보자.

“화장실에서 나올 때마다 불을 잘 안 꺼요”, “그래~ 시집가기 전에도 그랬어~ 내가 고쳐서 시집을 보낸다는 게 고쳐지지 않더라고. 엄마 말은 듣지 않아도 남편 말은 듣나 했는데 아닌가 보네~ 하하하하~” “하하하하~~” 당장 분위기는 좋지만 아내의 입장에서는 남편과 친정 식구들이 자신의 험담을 하는 것이고, 처가 식구들도 당장은 웃어도 어디선가 가슴 한구석에 ‘싸~’함을 느낄 수 있다. ‘사위 놈이 처가에 와서도 우리 딸 험담을 하는데, 다른 곳에서는 얼마나 더 할까?’라는 생각도 충분히 할 수 있다. 손님은 손님이다. 어려운 직장 상사의 집에 간 것처럼 말을 조심하는 것이 좋다. 말실수 한 마디가 천 냥 빚을 만 냥 빚으로 만든다.

정전을 망치는 적, 억·지·사·지

'부부 싸움은 칼로 물 베기'라는 표현은, 이혼이 빈번한 요즘 세상에는 맞지 않는 것 같다. 잘라도 잘라지지 않는 물처럼, 부부 사이는 칼로 자를 수 없다는 뜻인데, 요즘은 한 번의 큰 싸움으로도 부부가 갈라서는 경우가 많다. 과거에는 참을 인 자를 가슴에 담고 사는 것이 미덕이었지만, 이제는 아니다. 시대는 변화하고 사람들의 인식도 변한다. 생애 첫 주택 마련, 세금 문제, 대출 관련 문제 등을 이유로 결혼식을 올리고 실제 삶을 함께 영위하고 있음에도 불구하고 혼인신고를 늦추는 경우가 이제는 어느 정도 일반화가 됐다. 물론 법적인 이혼의 절차를 피하기 위해 아이가 태어날 때까지 혼인신고를 미루는 경우도 흔히 찾아볼 수 있다. 2014년 발의된 '생활동반자법'을 통해 법적으로 혼인 신고를 하지 않아도 동거인을 가족으로 인정해 주는 방안도 추진되고 있다. 아직 통과되지 않았지만, 사회의 변화를 고려하면 머지않은 미래에 제정이 될 것으로 보인다. 사실 프랑스, 독일 등 유럽의 다양한 국가들은 유사한 내용을 골자로 한 법령 혹은 제도를 도입했다. 동거 인구가 많은 이유다. 가깝게는 일본도 비슷한 법령이 있다. 삐딱하게만 보면 해외의 선진국들은 동거를 부추기는 모양새다.

이야기하고자 하는 본질은 혼인 신고를 하고, 법적 부부가 되어 이혼을 하는 등의 법적 · 행정적 문제가 아니라, 사랑해서 결혼한 두 사람의 관계를 잘 지속하는 것이 중요하다는 것이다. 법적 기록보다 중요한 건 두 사람의 삶 혹은 각자의 삶이다. 물론 다툼이 없는 부부 사이는 지구상에 존재하지 않는다. 어떻게든 싸움은 일어날 수 있다. 문제는 그 싸움의 과정을 어떻게 진행하고, 마무리를 어떻게 끌어내느냐다. 부부 싸움의 원인은 서로의 입장과 생각, 감정을 읽지 못하는 데 있다. 자기 생각만 하면 다 맞으니, 서로의 상황

을 이해하지 못한 채 일방적인 주장을 하면서 마음의 간극이 벌어지는 것이다. 서로에 대한 공감과 이해 그리고 배려가 이성적인 논리보다 우선시되어야 한다.

"꼭 그렇게 나를 이겨야 속이 시원하니?"

"네 마음만 생각하냐? 내 입장에서도 좀 생각을 해 봐."

"지겹다. 정말 지겨워. 매일 자기만 억울하지."

이 싸움으로 이혼을 하지 않을 것이라면, 최대한 빨리 전쟁을 끝내는 게 서로에게 이롭다. 전쟁을 끌어봐야 추후 보듬어야 할 상처만 깊어질 뿐이다. 가뜩이나 팍팍한 삶에, 감정과 체력, 시간 모두를 낭비하게 된다. 오붓하고 편안한 여가 시간을 보내기도 부족한 날들이 아닌가. 정전을 위해 필요한 건 서로의 마음을 헤아리는 '역지사지'다. 그런데 우리는 부부 싸움을 하기만 하면 '억지'사지를 부리게 된다. 내 입장과 생각을 관철시키려고 논리를 비약하고, 말을 바꾸고, 상대의 생각을 부정하며 억지를 부린다. 그래서 애초에 싸움의 원인을 잊고 확전을 거듭하는 오류를 범한다. 예전에 싸웠던 일들과 지금 당장 논할 필요가 없던 일들을 끌어모으면, 오늘 상대를 공격하는 도구로 제격이다. 다툼이 벌어졌을 때 필요한 것은 양보와 중재다. 비 온 뒤에 땅이 굳어진다는 말은, 다툼의 과정에서 서로의 속 마음을 알고, 미처 몰랐던 나 자신의 잘못된 점을 고쳐 서로 더 행복하게 지낼 수 있다는 데서 비롯된다. 이를 위해 내가 먼저 행할 수 있는 것은 싸움이 시작됐을 때 최대한 차분함을 유지하는 것이다. 심호흡을 하자.

가는 말이 고와야 오는 말이 곱다지만 흥분한 상태에서 서로 맞

받아치면 싸움은 더 커진다. 내 말이 옳다는 생각이 가시지 않더라도 잠시 한쪽으로 밀어두자. 억울함이 하늘을 찌를 것 같지만 상대의 말을 먼저 들어보자. 내 논리를 져버리고 상대의 주장을 일방적으로 인정하라는 게 아니다. 나도 생각이 있고, 감정이 있고, 서운함이 있지만, 그 마음을 위로받으려면 나 역시 상대를 위로해 주는 게 선행되어야 한다. 정전 협상은 어느 한쪽이 조금이라도 물러서는 분위기를 풍겨야 시작할 수 있다.

싸움의 목적이 이혼이 아니라면, 억지보다 역지사지를 생각하자. “그게 아니라”가 아니라 “그랬구나”로 말을 받아보자. 전쟁의 승리는 논리가 아니라 마음에서 온다. 서로 분함을 남기며 끝내는 게 아니라, 마음의 평온을 찾으며 마무리해야 잘 싸웠다고 할 수 있는 것이다.

쾅!

띠 띠
띠
착!

부부 싸움 중 이것만은 참아보자

모든 인간의 관계에서 싸움은 피할 수 있으면 좋다. 하지만 불가피한 싸움 혹은 의견 대립은 생기기 마련이다. 부부 관계에서도 마찬가지다. 그런데 부부 싸움은 의외로 긍정적인 면도 있다. 부부 싸움의 결과가 무조건적인 관계 악화가 아니라 관계 완화의 계기가 될 수 있는 것이다. 서로의 다름을 인정하고 맞추어가는 과정, 그 과정 속에서 각자에게 쌓인 마음속의 응어리를 풀어낼 수도 있기 때문이다. 부부 싸움의 과정이 중요한 이유다.

대부분의 부부 싸움은 감정적인 대립이다. 이 과정에서 인신공격은 금물이다. 상대의 약점, 자존심을 건드릴 수 있는 언행은 무조건 피해야 한다. 자존심을 내세우거나 혹은 궁지에 몰리다 보면 상대를 이기기 위해 온갖 방법을 동원하고 있는 자신을 발견할 수 있을 것이다. 그때는 이

“”

미 늦었다. 지켜야 할 선을 미리 정해놓고 스스로 그 선을 넘지 않도록 노력해야 한다. 또한 상대의 가족에 대한 비난은 자존심의 가장 원초적인 부분을 건드리는 일이기에 피해야 한다. 비난이나 평가뿐만 아니라 싸움의 원인 혹은 주제와 관계가 없다면 아예 언급 자체를 하지 않는 것이 안전한 길이다. 입장을 바꾸어 생각해 보면 이해가 쉽다.

마지막으로 피해야 할 것은 극단적인 표현이다. “너 때문에 내 인생이 시궁창이 되었다”, “이혼하자”, “내가 확 죽어버리면 다 해결된다” 등의 표현은 돌이킬 수 없는 결과로 향하는 지름길이다. 당장 부부 싸움이 마무리되더라도 내뱉은 표현들은 오래도록 상처로 남는다. 조롱, 멸시, 경멸, 증오 등이 담긴 말은 뱉으면 담을 수 없다. 홧김에 하는 말이겠지만, 결국 마음에서 나온다. 자신의 마음을 가다듬자. 심호흡을 하고, 감정보다 이성을 먼저 내세우자.

/ 돌이킬 수 없을 것 같은 변화 /

아이 때문에 산다?

2세가 생긴 후에는 사정이 달라진다.
최악의 상황을 맞이해 부부의 연을 끊더라도
함께 책임져야 할, 둘이 함께했음을 증명하는
흔적이 세상에 남는다.

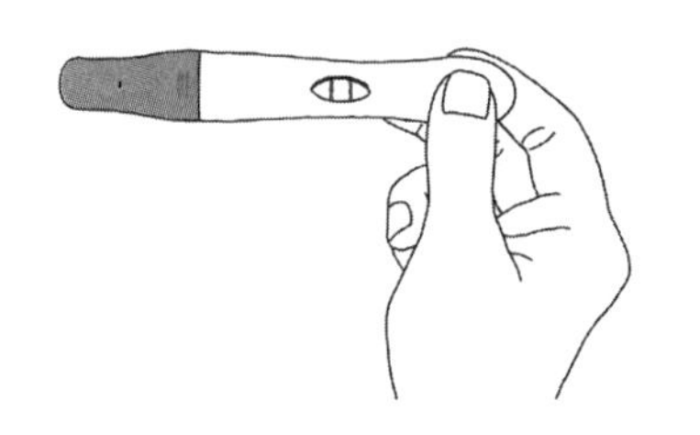

임신 소식을 처음 들었을 때 대처법

누구나 인생에 큰 변곡점을 맞이한다. 첫 번째가 결혼이라면, 두 번째는 2세의 탄생이다. 결코 헤어지지 말자고 다짐하며 부부의 연을 맺은 수많은 이들이 불화의 과정을 거쳐 이혼을 생각한다. 2세가 없다면, 이혼은 조금 귀찮고 호적에 흔적이 남는 행정적 절차에 불과하다. 나름의 상처가 있겠지만, 적어도 되돌리기 수월한 시기라는 사실은 분명하다. 하지만 2세가 생긴 후에는 사정이 달라진다. 최악의 상황을 맞이해 부부의 연을 끊더라도 함께 책임져야 할, 둘이 함께했음을 증명하는 흔적이 세상에 남는다. 2세가 '족쇄'라는 의미는

절대 아니다. 부부생활을 하며 겪는 수많은 갈등과 고뇌, 이로 인한 불화와 위기를 이겨낼 수 있도록 하는 힘의 원천이기도 하다. 무엇보다 2세는 부부 그리고 각자가 이 세상에 존재하는 이유로 발전한다. 축복이다.

통상적으로 임신의 사실을 먼저 인지하는 것은 아내다. 임신 테스트기 혹은 산부인과 방문을 통해 알기도 하지만 신체의 변화를 통해 먼저 인지하는 경우가 많다. 축복의 순간이지만 이 순간에도 아내는 서운함을 느낄 수 있다. 특히나 태어나 단 한 번도 경험해보지 않은 임신으로 인해 몸과 마음 모두 예민한 상황이다.

결혼을 앞두고 프러포즈를 할 당시를 기억해보자. 결혼의 첫 단추인 동시에 준비 과정의 가장 중요한 단계가 프러포즈라면, 두 번째 거대한 단추는 바로 2세와의 만남이라는 긴 과정이다. 첫 만남은 출산이 아닌 존재를 인식한 시점이다.

첫 단추를 잘 꿰었어도 두 번째 단추를 엉망으로 꿰면 삶은 꼬인다. 첫 단추와 두 번째 단추에는 일맥상통하는 부분이 있다. 결혼, 임신. 모두 '행복'을 느끼고 표출한다는 연결고리가 있다. 이때 명심해야 할 것은 대부분의 여자는 감정적이고 남자는 이성적이라는 것이다.

'카톡, 카톡. 이미지 1장이 도착했습니다'

"어? 이거 뭐야?"

"잘 봐. 뭔지 모르겠어?"

"뭐야? 임신이야?

한 마디 언급도 없이 도착한 메시지에는 무엇인지 모를, 흑백의

필름 같은 것이 이미지 파일로 담겨있다. 발신자는 메시지의 확인을 뜻하는 '1'이 사라지길 기다리고, 그다음 반응을 기다린다. 로맨티시스트라면 당장 회사를 박차고 집으로 달려가 꽃 한 다발을 안기며 감동의 순간을 연출할 것이다(드라마와 영화가 준 폐해다). 사실 남자라면 어안이 벙벙한 순간이다. 경험하지 않았고, 준비하지 못했고, 상상도 하지 않았던 순간이 현실로 다가왔기에 어떤 대처를 해야 할지 모른다. 가장 좋은 방법은 반가운 마음, 기쁜 마음을 숨기지 않고 표현하는 것이다. 조금 오버해도 좋다. 평소 과묵한 성격, 속내를 잘 드러내지 않는 게 나의 성격이라고 해도 소극적 감정 표현은 서운함을 안길 뿐이다.

사실 남자는 아내의 임신 소식을 듣는 순간 온갖 생각이 든다. 반갑고 기쁜 마음이야 있겠지만, 앞으로 책임을 져야 할 사람이 이 세상에 한 명 더 생긴다는 것만으로도 복잡하다. 아내 걱정, 뱃속 아이 걱정, 앞으로 함께 헤쳐 나가야 할 험한 세상 걱정과 부양에 대한 경제적 고민까지 짧은 시간에 휘몰아친다.

하지만 아내는 남자의 머릿속을 알 방법이 없다. 그렇다고 모든 이성적 고민 혹은 얕은 우려를 입 밖으로 내뱉는다면, 그 순간 아내는 자신의 임신이 남편에게는 '축복'이 아닌 현실적 '우려' 혹은 '걱정'으로만 다가온다고 인식하게 된다. 임신의 사실 만으로도 불안과 떨림이 가득한 아내이기에 남자는 이성적으로 이성을 눌러야 한다. 오직 아내의 감정만을 돌보아야 한다.

억울한가? 어쩔 수 없다. 이미 결혼을 했고, 임신까지 한 이상, 돌이킬 수 없는 길에 들어섰다. 그게 바로 혼인 서약을 할 당시 약속한 봉사와 희생, 헌신이다. 그게 싫다면, 평생을 쌓아 온 나의 신념과 다르다면 어쩔 수 없다. 과감히 나의 행복을 찾아, 나의 길을 가면 된다.

임신 전

술

임신 소식을 처음 들었을 때 해서는 안 될 말

모든 것을 망치는 것은 한순간이다. 말 한마디에서 모든 불화와 파탄이 시작된다. 최악은 현실에 대한 부정 혹은 의심에서 시작된다. 정말 순수한 의문을 담아 내뱉은 말이지만 아내의 가슴을 갈기갈기 찢어놓을 날카로운 화살이 박혀있을 수 있다. 평생 부부 싸움을 할 때마다 소환될 수 있는 좋은(?) 공격의 소재가 될 뿐이다.

그때 피임 제대로 안 했어? ▷뭐지? 뭘 의심하는 거야?

아닌 거 같은데? 아닐 거야. ▷넌 싫어? 현실을 부정하나?

우리 언제 했지? ▷기억 안 나?

“”

아직 확실하지 않으니 너무 기대하거나 호들갑 떨지 말고 다시 확인하자. ▷넌 안 기뻐?

이제 돈 많이 들겠다. ▷뭐가 어째? 넌 그게 문제야. 그럼 네가 돈을 많이 벌든가.

아들(딸)이어야 할 텐데. ▷내가 꼰대랑 살고 있구나.

넌 튼튼하니까 잘 낳을 거야. ▷내 걱정은 안 하는구나.

임신하면 살 엄청 찐다는데. ▷그게 문제니? 문제긴 한데 그걸 왜 네가 나서니?

장모님이 다 키워주실 거야! 그렇지? ▷책임지지 못할 일을 왜 저질렀니?

임신이 벼슬은 아닌 거 알지? ▷내가 결혼을 잘못했구나.

아, 이 시기에 임신하면 안 되는데! ▷이혼하긴 늦었나.

나 오늘 회식이라 늦어. ▷….

시어머니와 함께 가는 베이비 페어, 지옥의 블랙홀을 경계하라

“이번 행사 기간에 구입하시는 분들에게는 사은품으로…”

결혼 전에는 이렇게 많은 육아 용품 박람회가 열리는지 몰랐을 것이다. 아이가 태어나면 분유 값, 기저귀 값 버느라 허리띠를 졸라매야 한다는 이야기를 많이 듣기 마련인데, 실제로 가보면 구매할 것은 상상을 초월한다. 유모차를 시작으로 아기 띠, 히프 시트, 카시트, 젖병 소독기, 체온계 등 육아를 위한 필수 용품은 물론 속싸개, 겉싸개와 각종 옷, 치발기와 모빌에서 장난감, 도서에 이르기까지

어마어마한 지출이 필요하다.

이른 시간 입장객에게 사은품을 제공하고, 저출산 시대라더니 운영 시간 내내 붐비는 행사장 이곳저곳을 누비며 물품을 꼼꼼히 살피는 일이 적지 않은 피로를 선사한다. 하지만 베이비 페어에서 다양한 회사의 물품을 보고, 부부의 취향과 가성비를 따져가며 쇼핑하는 것은 지출의 스트레스를 빼고 나면 설레고 재미있는 시간이기도 하다. 이 시간이 아름답기 위해서는 필요한 것을 흔쾌히 '질러' 주시고 가격 때문에 망설일 때 "가장 좋은 것으로 사라"라며 지갑을 열어 주시는 시어머니의 존재가 중요하다. 어머니에게도 손주의 탄생은 행복하고 기다려지는 일이고, 가장 좋은 것을 해주고 싶은 마음은 굴뚝같다.

"나도 네 남편 다 낳고 해봤다."
"내가 너희들 키울 때에는 이런 것들 다 필요 없었다."
"너희가 뭘 아니. 내가 알지."

문제는 내 아이를 위한 물품을 고르는 과정에서, 취향 차이와 필

요성 차이의 충돌이 일어날 때다. 당연히 육아 경험이 풍부하고, 인생 경험이 훨씬 깊은 시어머니의 조언이 도움이 되지만, 이미 최소 3~40년의 간극이 존재하기에, 달라진 육아 환경과 문화를 극복하는 것이 관건이다. 충분히 인지하고 인정해 주시는 부모님이라면 모든 과정은 순탄하다. 그게 아니라면, 충돌은 불가피하다. 어머니를 잘 설득하고 이해시키는 수밖에 없다.

부모님의 태도도 한몫을 할 수 있다. 핀잔을 놓는 식이나 일방적이고 단정적인 말투로 모든 것을 결정해버리면 아랫사람인 며느리 입장에선 불편하고 부담스러운 상황이 된다. 육아 용품을 선물해 주시는 입장에서 의견을 내는 것까지 뭐라 할 수는 없지만, 편안하게 결정할 수 있는 분위기를 만들어주지 않으면 사주느니만 못한 결과가 된다. 어머니 입장에서는 돈 쓰고 마음까지 잃는 최악의 상황을 맞이할 수 있고, 이는 곧 남편에게 거대한 스트레스로 이어지게 된다.

물론 타고난 성격과 말투를 며느리를 위해 바꿔달라고 말하는 것은 무리다. 다만, 중간에 위치한 사람의 지혜로운 중재가 필요하다. 어머니와 아내의 성향을 미리 파악하고, 어머니의 경제 사정과 꼭 필요한 물건 등에 대해 정리해두면 베이비 페어에서 함께 쇼핑하며 생길 수 있는 충돌을 최소화할 수 있다. 장모님과 동행이라면 아내가 편하게 생각을 주고받을 수 있어 남편 입장에선 수월한 쇼핑이 될 수 있지만, 시어머니와 며느리의 동반 쇼핑 과정에는 서로 사이가 좋던 상황이라도 취향과 성격이 100% 맞을 수 없기 때문에 다툼의 불씨가 생길 수 있다.

사실 가장 편한 것은 현금 혹은 신용카드 등 결제의 수단만 받아 집행하는 것이다. 먼저 부모님이 이야기를 꺼내주시면 좋지만, 자식의 입장에서 '돈만 주시라'거나, 알아서 사서 보내달라고 하는 것도 예의가 아니다. 함께 쇼핑을 하며 손주 물건을 직접 골라 주고 싶은 마음도 생각해야 한다. 가족 구성원 모두의 행복을 위해선 '한국 사회'의 특성상 어쩔 수 없다. 결국 남편이 뛰어난 협상가로 기능해야 한다.

베이비 페어는 어쩌면 아내와 어머니가 함께 하는 마지막 쇼핑이 될 수도 있다. 이 쇼핑의 기억이 좋다면 앞으로 더 많은 기회가 올 수도 있으나, 지옥의 블랙홀로 빠진다면, 차라리 함께하지 않은 것이 더 나을, 후회만 가득한 일화로 남을 수 있다.

베이비 페어

사람 진짜 많다

할인한다!!
30%
아니야
아니
유모차 있잖아
이거 이거

ㅋㅋㅋ
ㅋㅋㅋ

뿌엥!

이제 가자
아니이
잠깐만
뿌엥

며칠 후

이게 다 뭐지?
베이비 페어에서
샀던 거 같은데?

...
근데 괜히 산 거 같아
필요 없는데 ...

베이비 페어에 대처하는 자세

아내가 임신하고, 출산을 준비하는 과정에서 남자는 새로운 세상과 마주한다. 알지 못했던 새로운 세상과의 극단적인 만남이 이뤄지는 곳이 바로 베이비 페어다. 보통 대형 전시장에서 행사가 펼쳐지는데, 세상의 모든 임산부가 모인 듯한 느낌을 받는다. 저출산에 대한 정부의 걱정이 과연 진실에 기반한 것인지 의문이 들 정도다.

박람회장 가득 상품을 채우고 임산부와 보호자를 맞이하는 이들은 친절로 무장했다. 극진하게 '손님'인 우리들을 모신다. 특히 부모님과 함께 방문한 손님들을 보면 친절과 배려, 공감을 무기로 접근한다. 냉정하고, 건조하게, 최대한 단순하게 현상을 바라보면, 그들은 물건을 파는 사람들이다. 소비자의 마음을 사로잡기 위해 가장 취약한 곳을 공략하고, 이를 통해 지갑을 열게 한다. 특징은 베이비 페어에서 판매의 최전선에 나서는 분들이 주로 40대 안팎의 여성이라는 점이다. 임신과 출산을 경험해 봤고, 해당 분야의 최신 트렌드를 잘 알고 있다는 점을 내세운다. 공감이 무기다. 임신한 아내의 마음, 손주를 기다리는 예비 할머니의 마음을 잘 알고 있다는 점을 무기로 양쪽에 듣기 좋은 말만 한다. 왜? 물건을 팔기 위함이다. 그들이 해야 할 일이다. 아내와 부모님 혹은 장인, 장모님 사이에서 이러지도, 저러지도 못하는 남자의 상황도 잘 알고 있다. 모든 취약한 부분을 인지하고 파고들어야 실적을 올릴 수 있다. 아무리 달콤한 말로 다가와 가슴을 울리는 말을 던지더라도, 흔들리지 말아야 한다. 가장 위험한 자세는 막연하게, 아무런 계획 없이 베이비 페어에 가는 것이다. 그다음은 판매원들의 말에 흔들리고 사정없이 지갑을 여는 일만 남았다.

실제로 베이비 페어에서 구매하는 물품 중 출산 직후 필요하지 않은 물건들도 상당한 경우가 많다. 절실한 물건들이라면, 출산 후에 인터넷 주문을 해도 하루면 배송이 가능하다. 미리 아내와 함께 무엇이 필요한지, 왜 필요한지 준비하고 방문하자. 당장 베이비 페어에 가서 구매 여부를 놓고 발생할 수 있는 다툼과 갈등을 줄일 수 있는 일이기도 하다. 재차

“”

이야기하지만, 물건을 파는 것이 그들의 직업이고, 해야 할 일이니 비난을 할 수는 없다. 하지만 똑똑한 소비와 부부의 평화를 위해, 미리 준비할 수 있는 부분은 최대한 준비하자.

산부인과에서 벌어질 수 있는 악몽

부부의 연을 맺은 후 임신과 출산의 과정에서 반드시 거치는 곳은 바로 산부인과다. 여자의 경우 임신을 하지 않더라도 산부인과에 가는 경우가 있지만, 남자가 산부인과에 가는 경우는 동행이 아닌 이상 거의 없다. '금남의 공간'은 아니지만 왠지 모르게 선뜻 발걸음이 가지 않는 곳이다.

하지만 임신 후라면 이야기가 달라진다. 설명할 수 없는 불편함을 피하기 위해 임신한 아내에게 산부인과를 혼자 다니라고 한다면 평생 돌이킬 수 없는 재앙을 자초하는 것과 같다. 모두의 상황이 다르겠지만, 가급적 휴가를 내서라도 아내와 함께 산부인과에 동행하는 것이 좋다. 10개월간의 기다림도 함께 하는 것이다.

"임신 맞아? 병원에 가 봐."

"굳이 남자가 산부인과까지 같이 갈 필요가 있나?"

"그런 건 좀 알아서 했으면 좋겠어. 대신 택시 타고 다녀와."

"같이 가는 남편들은 그 사람들 사정이고, 같이 가지 못하는 사람들도 많잖아."

"장모님이랑 가. 자기도 그게 편하잖아. 아니면 우리 엄마랑 갈래?"

출산을 기다리는 10개월 동안 아내의 몸에는 엄청난 변화가 일어난다. 단순히 배가 불러오는 과정이 아니다. 중간에 비정상적인 돌발 상황이 생길 수도 있고, 의료적 조치뿐만 아니라 집에서 함께 도와야 할 일도 생기기 마련이다. 모든 일을 아내 홀로 이겨내라고 하는 것은 반칙이다. 함께 만든 결실의 과정이기 때문이다. 10개월 후 출산의 과정까지 고려해 아내가 마음 편히 다닐 수 있는 산부인과를 선택해야 한다. 모든 과정에 '모르쇠'로 일관하거나 방관자적 입장에서 바라보는 우를 범하지 않길 바란다.

아내와 주치의의 신뢰가 형성되는 만큼, 남편도 함께 관계를 쌓아가야 한다. 주치의는 단순히 환자와 의사의 관계를 넘어 2세의 탄생을 도와줄 조력자이다. 물론 불가피한 사정으로 산부인과에 적극적으로 동행하지 못하는 경우도 있다. 동행을 대신해 마음을 다하면 조금이나마 상쇄할 수 있다. 아내가 산부인과에 가서 어떤 검진을 하고, 태아의 상황이 어떤지를 세심하게 묻고 챙겨야 한다. 홀로 대기실에 앉은 아내에게 어떤 생각이 들지 곰곰이 떠올려 보자. 동행을 대신할 수 있는 행동이 아니라면, 역시나 평생 따라다닐 원망의 꼬리표를 하나 더 추가하게 될 것이다.

"마지막 기회입니다. 내일부터는 아쉽게 이 상품이 나오지 않아요." — 영업사원

"어차피 기다려야 하는데, 이야기나 들어볼까?"

"임산부와 함께한 20년, 50만 명의 선택! 아가를 위한 엄마의 현명한 준비!" — 잡지 광고

“맞아! 이거 나도 인스타에서 봤어! 미리 사 두면 좋지 않아? 다들 하나씩 마련한대.”

임신 기간 찾는 산부인과에는 무시무시한 지뢰가 몇 군데 있다. 임산부로 가득한 대기실은 임신과 출산을 산업으로 대하는 이가 공략하기 좋은 텃밭이다. 가장 먼저 닿는 것은 대기실의 잡지들이다. 임신 출산 관련 잡지들이 가득하다. 잡지를 펼치면 온갖 광고들이 유혹한다. 베이비 페어에서 봤던 모든 상품들이 담겨있다. 체험 수기들을 읽다 보면 결국 구매로 이어지는 경우도 있다. 터치 몇 번으로 구매가 가능한 시대다.

그뿐만 아니라 병원에 따라 다르지만, 출산 관련 보험이나 상품을 판매하는 공간이 마련되어 영업 사원들이 상주하는 경우도 있다. 선불리 접근을 허용했다가 너무 쉽게 지갑이 열리는 경우도 있다. 그들에게 최고의 공략 포인트는 임산부와 동행한 부모 혹은 남편 등 보호자다. 성급하게 찾아온 지름신과 만나게 되면 훗날 후회할 가능성이 높다. 물론 그럼에도 불구하고 아내가 꼭 사겠다고 나온다면, 지갑의 사정이 허락하는 한, 사라. 그게 쉬운 길이다.

산부인과

사람 진짜 많네
주말이라 그런가 봐
평일엔 별로 없던데

아… 이럴 거면 다음부터는
평일에 혼자 오는 게
낫지 않아?
왜 혼자야?

내가 평일에 오려면
반차를 써야 하잖아
아깝게

아니
아니
뭐? 아까워?

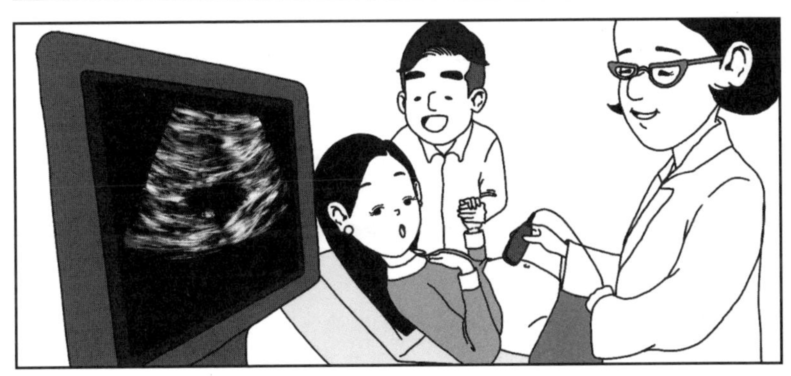

산후조리원, 꼭 가야 해? 우리 엄마가 봐준대!

부모님 세대만 해도 산후조리원이라는 개념 자체가 존재하지 않았다. 출산 후의 관리를 대부분 친정 부모님 혹은 시부모님과 했기 때문이다. 하지만 옛이야기일 뿐이다. 이제는 하나의 산업 혹은 문화로 자리를 잡았다.

출산 용품을 준비하기 위해 찾는 베이비 페어에 가면 수많은 산후조리원 업체들이 홍보에 열을 올리고 있다. 심지어 평판이 좋은 산후조리원들은 임신이 확정되는 순간 예약을 하지 않으면 빈자리를 잡을 수 없을 정도다. 통상적으로 출산한 병원에서 퇴원한 후 2주를 전후해 산후조리원에서 신세를 지는데, 위치 · 서비스 내용 · 인력 · 시설 등에 따라 가격이 천차만별이다.

가장 눈치 없는 남자는 "굳이 돈 들게 산후조리원에 가야 하냐"라는 남자다. 2주 후 펼쳐질 새

“”

로운 삶을 준비하기 위하기 위해 ‘엄마 연습’을 하는 곳이라고 생각하면 된다. 아내의 시어머니가 굳이 직접 ‘편안하게~’ 돌봐주시겠다며 산후조리원을 만류하더라도 모두의 평온을 위해 산후조리원을 이용하는 것이 좋다. 산부인과 혹은 집에서 가까운 곳이 좋고, 아내의 친정과는 가깝게, 시댁과는 멀리 위치한 곳이 좋다. 물론 가장 좋은 곳은 폭풍 검색과 입소문을 통해 아내가 찾아낸 ‘아내가 가고싶어 하는 곳’이다.

그냥, 아내가 하자는 대로 하라. 어차피 산후조리원에 있는 2주 남짓한 시간이 아마도 남자에게는 퇴근 후의 자유를 누릴 수 있는 마지막 휴가가 될 것이다.

태교여행, 안 가면 서럽거나 서운하거나

임신 중 비행기를 이용한 장거리 여행은 태아에 위험할 수 있지만, '베이비 문'이라는 신조어가 생길 정도로 출산 전에 떠나는 여행은 당연히 해야 하는 이벤트로 여겨지는 요즘이다. 저가 항공사와 각종 숙박 예약 사이트의 프로모션 활성화로 인해 국내외를 가리지 않고 여행은 연중행사가 된 시대다. 때로는 오히려 국내 여행보다 해외여행이 저렴한 가격에 더 좋은 시설을 갖춘 리조트를 이용할 수 있는 경우도 있다.

아이가 생기고 나면 여행이 고행이 된다. 24개월 전에는 항공료

와 숙박비가 추가로 들지 않지만 아이를 돌보며 여행하기가 여간 쉽지 않다. 집에 있던 창살 없는 감옥이 그저 어딘가의 숙박 시설로 옮겨졌을 뿐이다. 아이의 컨디션을 잘 살펴야 하는 것은 물론 삼시 세끼를 먹이며 여행지 이곳저곳을 다니는 것은 극기 훈련에 가깝다. 부부가 단둘이 지내던 시절을 기대하는 것은 착각이다. 이제 그런 시간은 최소 10년간 없을 것이다. 그나마 쾌적한 호텔이나 리조트에서 편하게 쉬는 게 좋은 선택인데, 한 명씩 번갈아 가며 아이를 돌봐야 하기 때문에 부부가 함께 즐기는 시간을 갖기가 어렵다. 집을 떠나 좋은 풍경을 보고, 바람도 쐬고, 맛있는 음식도 먹고 돌아간다는 정도만을 기대해야지 '여행'이라고 생각하면 기대에 비해 실망이 커진다.

'태교여행'은 부부가 온전히 둘이서 떠나는 마지막 여행이 될 수 있다. 뱃속에 있는 아이에 대한 걱정으로 비행기를 타는 것을 꺼리는 경우가 있지만, 비행기로 5시간 이내로 이동할 수 있는 곳으로 태교여행을 가는 부부들이 꽤 많다. 대체로 관광보다는 물놀이를 하고 맛있는 것을 먹으면서 좋은 공기를 마시고, 경치를 즐길 수 있는 동남아시아나 괌, 사이판 등을 태교여행지로 많이 택한다.

굳이 해외가 아니라도 국내 여행으로 임신, 출산 이후의 삶에 대한 걱정과 불안, 신체적 불편을 겪고 있을 아내를 위한 시간을 가질 수 있다. 물론 태교여행은 다른 그 어떤 여행보다 신경 써서 준비할 필요가 있다. 이제 태교여행은 선택이 아니라 필수인 시대다. 안 가면 서럽거나 서운하거나 둘 중 하나다.

임신 기간만큼은 모든 싸움에서 지는 게 이기는 것이다. 어찌 됐거나 남편들은 경험할 수 없는 일이다. 직접 겪어보지 못한 일에 대해 함부로 말하는 것만큼 사람이 없어 보일 때가 없다. 아내가 먼저 말을 꺼내기 전에 사전 조사를 마치고, 아내의 취향에 맞춰, 아내가 평소 가보고 싶었던 곳을 골라 휴가를 내고, 태교여행을 준비한다면 출산 전후 닥쳐올 몇 번의 전쟁이 일어나지 않도록 방지할 수 있다. 서로의 행복을 위해, 행복한 가족을 위해 남편이 절대적으로 노력해야 할 시기다.

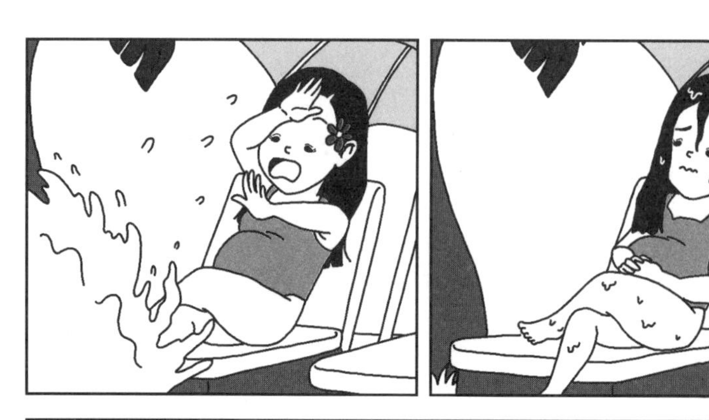

들어와

난 여기가 좋아

아 그만해
그만

좋은 태교여행이 되려면

몸과 마음이 편해야 한다. 해외여행이 제한되지 않는 시기라면, 긴 비행시간으로 인한 피로 혹은 시차로 인한 무리가 크지 않은 곳을 선택하자. 국내 여행 역시 무리한 이동은 피하는 것이 좋다. 국내외를 가리지 않고, 임산부에게 발생할 수 있는 신체적 변화 혹은 돌발 상황에 대처할 수 있는 의료기관을 미리 파악하고 가는 것이 좋다.

의사소통은 필수다. 어디가 아픈지, 어떤 느낌인지 말하고 알아들을 수 있어야 한다. 배가 쥐어짜듯 아프고 콕콕 찌르는 느낌, 가끔은 살살 아려오는 느낌을 현지인에게 어떻게 설명할 것인가? 의사소통이 불가능하다면 돌발 상황에 대비할 수 있는 회화집을 미리 준비하는 것도 좋다. 물론 큰 보탬은 되지 않는다. 어디가 어떻게 아프고 불편한지 열심히 말해도, 상대의 말을 알아듣지 못하면 아무 소용이 없기 때문이다.

“”

태교 여행은 남편을 위한 여행이 아니라 아내를 위한 여행이다. 간혹 출산 후의 상황을 고려해 일정에 욕심을 내고 강행군을 하는 경우도 있는데, 자제하는 것이 좋다. 어른들 말이 틀린 것이 없다. 무리하면 탈이 난다. 몸도 마음도 그렇다. 출발 전에 산부인과 주치의와 충분한 이야기를 나누고, 의견을 구하는 것이 옳다. 만반의 준비 끝에 태교여행을 떠났다면 아름다운 풍경을 보고, 맛있는 음식을 먹고, 천천히 걸으며 함께 할 먼 미래를 바라보자.

출산하는 날, 주인공은 아내, 죄인은 무조건 남편

인생의 가장 극적인 날은 자주 찾아오지 않는다. 아내의 임신과 함께 돌이킬 수 없는 삶으로 진입했다면, 이제는 더욱 큰 삶의 무게와 함께 살아가게 된다. 임신 10개월은 그저 쉬운 워밍업의 기간이었을 뿐이다. 드디어 아내가 출산하는 날이 다가왔다. 대등한 관계에서 결혼을 하고, 점차 '을'로 변했던 삶은 지난 10개월간 아마도 '슈퍼 을'로 향하는 길이었다. 물론 새로운 생명의 탄생은 축복이고, 경험하지 못한 사람이라면 결코 말로 설명할 수 없는 위대한 기쁨의 순간이다. 행복한 날이기에 웃음이 가득한 하루일 것 같지만 영화와 드라마에서 보여주는 기껏 몇 초짜리 이야기와 현실의 모습은 다르다.

출산 당일에 대해 정확히 이야기하자면, 남자는 조력자의 위치에서 역할을 해야 한다. 반대로 아내는 새로운 생명을 맞이하기 위해 목숨을 건 여정에 나서는 하루다. 진짜로 아내는 목숨을 잃을 수도 있다. 세상의 모든 어머니가 위대한 이유다. 내가 태어나기 위해, 당신이 태어나기 위해, 이 세상의 모든 생명체가 태어나기 위해 어머니는 목숨을 걸었다. 그 결과물이 바로 우리들이다. 그만큼 출산 당일만큼은 모든 것을 맞춰줘야 한다. 정말 보잘것없는 일과 세상에서 가장 예민한 아내가 만났을 때 대폭발이 이루어진다.

산부인과로 향하는 길이 왜 막히는지 도대체 모르겠지만, 막히는 것을 미리 예측하지 못한 내 탓이고, 차의 승차감이 좋지 않은 것도 운전 실력이 형편없는 내 탓이고, 태양이 강렬하게 내리쬐는 것도 가림막을 준비하지 못한 내 탓이다. 산부인과의 간호사가 친절하지 않은 것도 내 탓이고, "아파 죽겠는데, 정말 애가 나올 것 같은데! 당장 의사를 불러와야 할 것 같은데!" 간호사들은 "아직 한참 멀었으니 힘을 더 주고 있으라"라고 말하는 것도 내 탓이다. 의료진은 돌팔

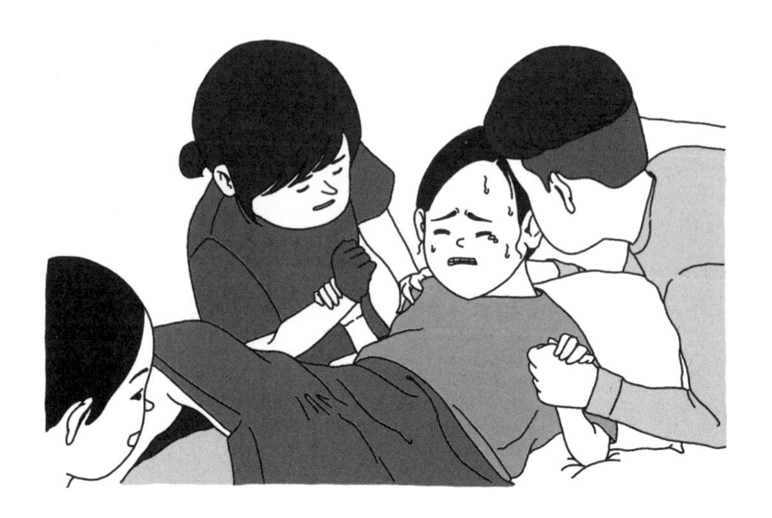

이가 아니고, 아내의 말이 틀렸다고 할 수는 없으니 어쩌겠나, 그저 다 내 탓이다.

여기에 아내는 미칠 것처럼 몇 시간째 진통을 하고 있는데, 향긋한 커피향을 내뿜으며 "힘내"라고 말을 건네면 돌아오는 것은 욕바가지다. 마치 당장이라도 죽을 것처럼 진통을 하는데 어디서 맛난 커피나 먹고 왔냐는 원망만 들으면 다행이다. 실제로 얻어맞는 사람도 있다. 일각에서는 출산 직전의 아내들이 이 순간을 '기회'로 노리고 그간 남편에게 쌓았던 울분을 쏟아내는 경우도 있다고 한다.

실제 그런 일을 당한 사람들도 여럿 봤다. 하지만 출산의 순간에 돌입하면 막상 '복수'를 할 겨를이 쉬이 생기지 않는다고 한다. 인간은 좋은 것만 기억하는 망각의 동물이다. 출산의 과정에서 아내는 자신이 남편에게 한 일들을 잘 기억하지 못할 것이다. 오히려 과정상 서운함이 남은 '당한 일'들만 기억할 것이다. 남편의 생각과 사고방식으로는 도저히 서운할 일이 아니더라도 아내의 생각은 다르다.

물론 출산일에 남편이 저지를 수 있는 최악의 일은 그 순간에 자리하지 않는 것이다. 출장, 파견, 질병 등으로 인한 불가항력이 있다면 어쩔 수 없겠지만 평생 원망을 들어도 결코 쉽게 항변할 수 없는 사건이 발생한다는 점에는 변함이 없다. 아내와 함께하는 것이 먼저이고, 인내심을 가지고 침착하게 조력자 역할만 하자. 곁에서 숨을 쉬고 있는 것만으로도 죄가 될 수 있으니 숨도 조심히 쉬고, 발걸음도 조심히 해야 한다. 꼬투리 잡힐 일을 만들지 않는 것이 관건이다. 잡혀도 뭐, 어쩔 수 없다. 이날의 주인공은 아내로 만들어줘야 한다. 기다리던 새 생명, 부부의 분신을 만난 후에는 온갖 감정이 휘몰아칠 것이다. 모두가 축복받은 느낌이다. 가끔 이 순간 서운함을 느끼는 산모들도 있다. 아니 많다. 출산을 한 것은 본인인데, 세상

모든 이들의 관심과 사랑 그리고 찬사가 아이한테 집중된다. 누군가가 출산을 하면 지인들은 출산 선물을 하는 것이 일반적인데, 대부분 갓난아기를 키우는데 필요한 용품들이다. 물론 실용적인 선물이다.

한 번은 출산 선물로 남편의 친구로부터 모발 건강에 좋은 친환경 샴푸를 받은 산모가 펑펑 울었다는 사연을 들은 적이 있다. 온통 아이만 생각하는데, 자신을 위한 선물을 받은 것은 처음이라며 그간의 서운함이 터져 울었다는 것이다. 남편의 친구보다 남편에게 그런 대우를 받는다면 더욱 좋지 않을까?

출산 당일에도 아내의 시댁 시구들은 경계할 대상이다. 시어머니, 시아버지, 시누 할 것 없이 아이에게만 집중할 것이다. 출산을 한 며느리는 뒷전이다. 나쁜 의도야 없겠지만 새 식구 맞이에 혼이 팔려 산모에게 "정말 수고했다"라는 말을 잊는 시댁 식구들도 종종 있다. 이런 경우, 시댁을 향한 서운함은 커질 수밖에 없고, 남편에게는 원망으로 돌아올 수밖에 없다. 종종 며느리의 출산 장면을 함께 지키겠다는 시댁 식구들이 있는데, 남편이 미리 나서서 막아주는 것이 좋다. 출산의 전투에서 만신창이가 되어 퉁퉁 부어버린 모습을 시댁 식구들에게 보여주기 싫어하는 아내들도 상당히 많다. 적어도 이날 만큼은 모든 것을 접어두고 아내에게 우선순위를 두는 것이 평화로운 부부생활의 지름길이다.

출산 후에는 며칠간 산부인과에서 생활을 하는데, 여기서도 예기치 못한 선택의 순간이 온다. 출산한 아내가 과연 몇 인실을 쓸 것인지에 대한 질문을 산부인과에서 할 것이다. 아내가 편한 1인실 독실이냐, 보편적인 4~6인실이냐를 결정해 줘야 한다. 여기에 더해 '일반식'과 '건강식' 중 어떤 식사를 산모에게 제공할 것인지를 보호자인 남편에게 묻는다. 연구소가 조사한 바에 따르면 유독 이 질문들을 출산 직후 남편에게 하는 산부인과들이 종종 있다. 부디 의도된 타이밍이 아니길 바라지만 결국 산부인과도 수익을 내야 하는 입장이다. 보통 짧게는 이틀, 길게는 일주일까지 산부인과에서 지낸다. 당연히 다인실 보다 1인 독실이 좋고, 일반식 보다 건강식이 반찬이라도 하나 더 나온다. 그만큼의 금전적 대가도 지불해야 한다. 슬기롭게, 현실적으로 대처하는 것이 좋다. 아예 미리 손을 써 두는 것도 나쁘지 않다.

한 가지 흥미로운 광경은 산부인과 그리고 조만간 옮길 산후조리원 안에서 산모들끼리 은근히 신경을 쓴다는 것이다. 누가 독실을 쓰고, 누가 VIP실, VVIP실, RVIP실을 쓰는지 부러움 반, 우쭐함 반으로 서로를 쳐다보고 있다. 흥미로울 수도 있고, 이로 인해 불화가 생긴다면 비참할 수도 있다. 미리 피할 수 있는 일, 대처할 수 있는 일들은 대처하자. 그게 훗날로 이어질 불화의 불씨를 줄이는 일이다. 그리고 적어도 출산 당일과 이후 며칠만큼은 모든 것을 접어두고 납작 엎드려 아내를 돌보는 것이 신상에 좋다.

출산 당일 남편이 해야 할 일

출산은 전쟁이다. 전쟁에 나설 때에는 총과 총알을 넉넉히 준비해야 한다. 치열한 전투가 며칠 이어질 수 있으니 식량도 양껏 준비하면 좋다. 그래도 분명 모자란 것이 생긴다. 아내도, 남편도 처음 겪는 출산이기에 처음부터 잘 할 수는 없는 일이다. 하지만 무언가 일이 틀어졌을 때 아내가 탓할 수 있는 것은 남편뿐이다. 어쩔 수 없는 일이지만, 대비할 수 있는 만큼 최대한을 준비하는 것이 좋다. 최악의 상황을 가정하고 시뮬레이션을 하는 것이 혹시 모를 원망을 피하는 '준비된 남편'의 올바른 자세다.

진통이 시작되고 어느 정도 시간이 흐르면 출산을 진행하기로 한 산부인과로 향할 것이다. 아내는 비명을 지르는데 눈앞에 출퇴근길의 러시아워가 펼쳐졌다면 어떻게 대처할 것인가? 차를 버리고 앰뷸런스를 부르든

“”

지, 경찰차를 불러서 도움을 요청하든지 해야 한다. 아내보다 더 초조해하며 “어떻게 하지? 어떻게 하지? 생각 좀 해봐! 앰뷸런스는 어디에서 부르지?”를 연발하고 있다면 그야말로 ‘아무런 필요가 없는 인간’이 되는 것이다. 우리나라에서 ‘119’가 무료라는 사실을 모르고 있는 이들이 의외로 많다. 살며 앰뷸런스를 타고 병원으로 향할 기회가 많지 않기에 그런 일이다.

출산일은 예정일보다 빠르거나 늦게 찾아올 수 있다. 일단 예정일을 전후해서는 회식, 약속 등을 잡지 않는 것이 좋다. 아내가 진통이 와서 병원으로 향해야 하는데 “부장님~ 짠~ 건배~”를 외치고 있는 것은 이혼을 각오해야 할 짓이다. 출산일이 언제일지, 출산 당일의 상황이 어떨지 시뮬레이션을 함께 해보는 것이 좋다. 병원에 어떻게 연락을 하고 갈 것인지, 가족 구성원 중 누구에게 먼저 알릴 것인지 타임 테이블을 정해 놓아도 생기는 것이 온갖 돌발 상황들이다.

요즘은 출산의 순간을 사진과 영상으로 남겨놓는 경우도 많다. 너무 촬영에만 집중해도 원망이고, 너무 대충 찍어도 원망으로 돌아온다. 뭐든 적당히 어느 정도 잘 해야 한다.

그게 참 어렵지만 말이다.

/ 이혼 전 /

다음 생애를 기약하며 "네가 무조건 참아라"

!

부부 싸움에서 이기는 대답을 원했다면,
미안하다. 방법이 없다. 모든 부부 싸움은 질 수밖에 없다.
지는 것이 이기는 것이라 지는 것이 아니다.
그냥 지는 거다.

'대꾸하지 말라' 논리는 감정을 이기지 못한다

남자와 여자는 뇌의 구조가 다르다. 쇼핑에서 잘 나타난다. 청바지 한 벌을 사러 가보자. 여자는 백화점에 있는 청바지 매장을 다 돌아보고, 모든 종류의 청바지들을 다 살펴본다. 마음에 드는 청바지가 있어도, 곧장 사는 법이 없다. 다른 청바지 매장을 보고, 심지어 다른 백화점도 둘러본다. 또 청바지를 보러 간 김에 치마도 보고, 원피스도 보고, 재킷도 보고 다 본다. 처음 백화점에 가기로 한 이유가 무엇인지 희미해지는 경우가 많다. 남자는 다르다. 처음부터 '청바지를 사겠다'라는 목표를 설정하고 선호하는 브랜드의 가게로 직진

한다. 원하는 스타일을 찾으면 사이즈를 직원에게 이야기하고 입어 본 후 괜찮으면 바로 산다. 목표로 한 청바지를 찾았다면 굳이다른 매장에 들르는 수고는 하지 않는다.

학자들은 이런 모습을 사냥에 비유한다. 남자는 목표를 설정하면 그것만을 향해 돌진하는 성향이 여자보다 많다. 대신 여자는 남자에 비해 세심하게 모든 것을 둘러보는 성향을 가졌다. 청바지를 사러 올라가는 에스컬레이터에서 저 멀리 있는 멋진 구두를 발견하는 능력? 남자에게는 없다. 둘 중 누가 옳고 그른지는 판단할 필요가 없다. 옳고 그름이 없기 때문이다. 다를 뿐이다. 남녀는 명확히 다르다. 이를 인정해야 한다. 인류가 서로의 다름을 인정하고 포용한다면 아마도 지구상에 전쟁이란 없을 것이다. 그리고 우리가 다름을 인정하고 이해한다면 부부 싸움도 없고, 이혼하는 일도 없을 것이다.

"10시까지 온다고 했잖아. 1차만 하고 온다면서 지금이 몇 시야? "

"아니, 나는 '10시까지 노력을 최대한 한다'고 했잖아. 그래도

지하철 끊기기 전에 왔잖아."

"그럼 10시라는 말을 하지 말았어야지. 그리고 지금 지하철이 문제야?"

"나도 노력을 했는데, 중간에 내가 빠지기가 어려운 상황이라. 다음 달이 인사고과라고…."

"무슨 인사고과를 회식으로 정해? 업무 시간에 일을 잘 하면 될 거 아냐. 우리 회사는 안 그래."

"나도 빨리 집에 오고 싶지. 부장이 꼰대인 걸 어떻게 하니?"

"부장 페이스북 보니까 아주 다들 웃고 행복하고 난리가 났던데, 그건 뭐야?"

"부장이 사진 찍는다고 하니까 웃어야지 그럼 우냐."

"사진 찍을 시간에 빨리 먹고 집에 오겠다."

"아니 그게 아니라."

"다음 달에 우리 어머니 생신이야. 식당은 내가 예약할게, 선물은 뭐 할까?"

"아니 우리 엄마 생일에는 그냥 엄마 집 가서 먹었잖아. 심지어 우리 엄마가 차렸어. 식당으로 가?"

"작년 생신도 제대로 못 챙겼는데, 자기가 차릴 건 아니잖아."

"아니 지금 나보고 어머니 생신상을 차리라는 거야?"

"아니 그 이야기가 아니라, 밖에서 먹으면 이리저리 편하잖아."

"아니 그러니까 내 말은."

"아니 그게 아니라 내 말은."

"왜 말을 못 알아들어? 그러니까 내 말은."

"지금 자기가 내 말을 못 알아듣고 있잖아. 내 말은."

부부 싸움에서 가장 많이 하는 말이 아마도 '아니 그게 아니라, 내 말은'일 것이다. 상대방의 주장은 틀렸고, 내 말을 듣거나 이해하지 않고 있다는 인식이 서로에게 이미 박혀 있다. 처음 한두 번이야 나름 생산적인 논쟁이 이어질 수도 있지만 1년, 2년, 5년, 10년, 20년을 함께 지내고 싸우다 보면 결국 패턴이 생긴다. 누군가 화를 내고, 티격태격 주고받으며 불이 번진다. '아니 그게 아니라 내 말은'이 입 밖으로 나오는 횟수가 많아졌다는 것은 상대의 주장을 인정하지 않는다는 뜻임과 동시에 나의 말 역시 상대가 변명 혹은 핑계로밖에

받아들이지 않는 단계에 접어들었다고 볼 수 있다. 절대 만나지 못할 평행선이다. 굳이 만나야 할 필요는 없다. 가까운 평행선이라면 나란히 달리는 것도 삶의 한 가지 방식이다. 하지만 그것 역시 어렵다. 다름을 인정해야 가능한 일이기 때문이다.

대부분의 부부 싸움에서 한 쪽의 중대한 잘못이 없다면, 남자는 최대한 논리적으로 상황을 이야기하려 한다. 반면 여자는 남자보다 감정적이다. 혹시 나중에라도 화해를 하는 과정을 겪다 보면 여자는 "서운함을 읽어주지 않았던 것이 제일 화가 났다"라는 말을 할 것이다. 부부 싸움의 원인이었던 늦은 귀가, 어머니 생신 이야기는 이미 사라진 지 오래다. 남자는 여기서 한 번 더 발끈할 수 있다. "지금 그게 문제가 아니었잖아!"라고 하면 아마도 다시 "아니 그게 아니라"라는 말이 돌아오고 싸움은 끝나지 않을 것이다. 그렇다고 입을 닫고 아무런 답을 하지 않을 수는 없는 노릇이다. 무응답은 무시의 신호이고, 파멸의 지름길이다. 함부로 대꾸하지도, 무응답으로 대응하지도 말아야 한다. 논리는 결코 감정을 이길 수 없다는 것을 명심하라.

끼이익
살금
살금
지금 몇 시야 !!!

야 싸울 때 무조건 미안하다고 하면 안 돼
그럼 또 뭐가 미안하냐고 한다고
그냥 여자가 하는 마지막 말을 반복해서
미안하다고 하는 거지
아~

말해보라고
왜 이렇게 늦게 왔는데

늦게 와서 미안해

연락도 안 하고

연락도 안 해서
미안해

아니이… 나도 내일
일찍 출근해야 하는데
오빠 걱정돼서
못 자고 있었잖아

걱정돼서
못 자고 있어서
미안해

지금 무슨 소릴 하는 거야
내말 따라 하고 있었어?
따라 하고 있……음 ??

"행동으로 대답하라"

부부 싸움에서 이길 수 있는 대답을 원했다면, 미안하다. 방법이 없다. 모든 부부 싸움은 질 수밖에 없다. 지는 것이 이기는 것이라 지는 것이 아니다. 그냥 지는 거다. 감정을 앞세워 나오는 상대방에게 이길 수 있는 방법은 없다. 나도 감정을 내세우면 결국 둘의 감정이 폭발한다. 상호 간의 폭력으로 해결해 승자를 가린다면 승자가 나올 수 있겠지만 콩밥 신세와 사회적 매장이 기다리고 있으니 옳지 않은 방법이다.

상대방과의 다름을 인정하고 이해하는 것은 말로 되는 것이 아니다. "그래. 나는 네 감정을 인정해. 네 입장도 이해해"라는 말로 해결될 것 같았으면 싸움도 일어나지 않았다. 감정이 전달될 수 있는 주요 통로는 시각과 청각이다. 상대가 속상함을 표출하고 있다면 '나도 화났어'라는 듯한 굳은 표정보다는 심각한 표정, 상심한 표정, 마치 이해하고 공감

“”

하는 것 ‘그래~ 그랬구나~’의 메시지를 담은 표정이 좋다. 나도 화가 나고, 도저히 이해가 가지 않지만, 인정할 수 없지만, 상대의 화를 빨리 누그러뜨리고 상황의 종결을 맞이하기 위한 방법이다. 상대의 말을 끊지 않고 끝까지 들어주는 것도 중요하다. 아무리 타당한 말이라 해도 자칫 상대의 말을 잘못 끊으면 역효과를 가져오게 된다. 빨리 끝내고 싶은 싸움이 더 길어질 단초만 제공할 뿐이다. 어차피 상대방은 자기가 하고 싶은 말을 다 쏟아내고 싶고, 그렇게 할 것이다. 들으면서 종종 맞장구도 쳐주자. 그저 듣고만 있으면 “듣고는 있냐?”라는 말이 날아올 것이다.

앞서 언급한 “아니 그게 아니라, 그러니까 내 말은”이라는 말은 입 밖으로 꺼내지 않는 것이 좋다. 어차피 상대방에게 나의 논리적인 말은 모두 변명이다. 꺼내야 한다면 딱 한 번만 꺼내자. 복잡한가? 결혼 생활은 이런 일의 연속이다. 힘든가? 포기하면 편하다.

집안일은 나눠서 하는 게 아니다 "그냥 하는 거다"

요즘은 전업주부라는 개념이 점점 희미해지고 있다. 본인이 전통적인 남편으로서의 역할, 아내로서의 역할 구분에 의한 사고방식을 가졌다면 빨리 의식을 개조하는 것이 좋다. 남편이 '아내의 집안일을 도와준다'는 표현 자체가 잘못되었다는 인식이 널리 퍼지는 추세다. 맞벌이 부부라면 당연히 집안일도 동등하게 나눠서 해야 한다. 가족이 된 이상, 생활은 '함께' 하는 것이기 때문이다. 서로 더 편하고, 잘 하는 것을 나눠도 좋고, 서로 덜 바쁜 날을 나눠도 좋다. 어쨌거나 당연히 해야 한다고 생각해야 한다. 내가 조금 한 것을 두고 생색을 내는 것도 점수를 깎아 먹는 일이다. 아무렇지 않게, 능숙하게, 부지런히 집안일을 하고 있으면 서로에 대한 존중, 존재에 대한 고마움은 자연스럽게 샘솟는다.

설사 아내가 전업주부라고 하더라고 집안일에 손끝 하나 대지 않고 '내 일이 아니'라고 여기는 태도는 불화의 지름길이다. 퇴근하고 집에 와서 쉬듯이, 집안일을 하는 아내에게도 휴식 시간이 필요하다. 아내도 회사의 일만큼의 일을 집에서 했을 것이기 때문이다. 물론, 집안일의 경우 일반 직장 생활처럼 상사와의 관계, 성과에 대한 압박감이 없는 대신 성취감을 느끼거나, 자기 발전의 동력이 되는 일이 아니라는 점에서 또 다른 측면의 단점이 있다. 전업주부가 체질인 사람도 있겠지만, 그렇다고 하더라도 절대적인 휴식 시간은 보장되어야 한다. 주말에는 최소한 일정 영역의 집안일을 분담하고, 퇴근 이후 시간에는 아내에게도 혼자만의 휴식 시간을 줘야 한다. 이러한 인식의 변화가 있어야 집안일을 두고 벌어질 수 있는 사소한 다툼들을 피할 수 있다.

반대의 경우도 물론 있다. 아내가 전업주부이지만 집안일에 관심이 없는 사례도 꽤나 있다. 하루 종일 회사에서 일하고 피곤한 몸을 이끌고 집에 왔는데 청소, 빨래, 설거지 등등 뭐 하나 된 것이 없고, 아내는 “피곤하다”라며 핸드폰을 보고 있다. 하루 이틀 정도야 괜찮지만 이런 상황이 일상이라면 미안하지만 결혼을 잘못한 것이다. 엄밀히 따지자면 결혼 전 삶에 대한 교육이 잘 되지 않은 것이다. 남편으로서, 평생을 함께 할 파트너로서 함께 노력하자며 지금이라도 교육을 해야 한다. 아내가 받아들이기 힘들다고 한다면, 결국 향할 곳은 가정법원밖에 없다. 천천히, 서서히 받아들일 수 있도록 이끌어야 한다. 부부 사이를 멀어지게 하는 ‘성격 차이’는 라이프 스타일의 차이, 생활 패턴의 호오를 통해 발생한다. 적당히 어지럽혀도 편하게 쉴 수 있는 사람이 있는 반면, 집안이 깔끔하지 못하면 심란해서 한 시도 쉴 수 없는 사람도 있다. 서로의 중간점을 맞추기 어려운 간극도 있기 때문에, 결국은 함께 하면서 내 일이라고 생각하는 게 좋다. 설령 아내가 집안일에 무심한 편이라도, 집안일을 지시하고 시키기보다는 본인이 원하는 수준에 맞게 할 수 있는 것은 직접 하는 편이 서로에게 좋다. 누가 시켜서 하는 일처럼 하기 싫은 게 없다. 내가 보기 싫은 것을 아내에게 시키거나, 아내가 불편해하는 것을 나 몰라라 하는 작은 귀찮음과 이기심이 부부 사이를 원수로 만든다.

매일같이 일과 집안일을 100%로 할 수는 없다. 하지만 평소 집안일을 신경 쓰고 노력하며, 함께 하는 모습을 꾸준히 보여왔다면 정말 바쁘고 힘들고 지쳐서 무심해졌을 때 이른바 '까방권'을 얻을 수 있다. 말 한마디, 작은 행동 하나에서 마음을 느끼는 법이다. 집안일은 나눠서 하는 게 아니다. 그냥 하는 것이다.

가위!

바위!

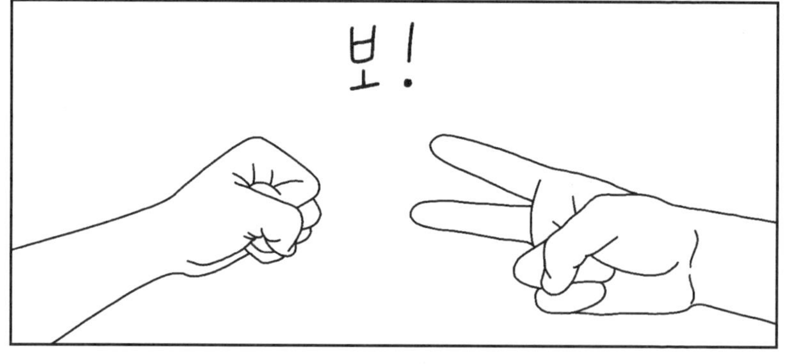
보!

!

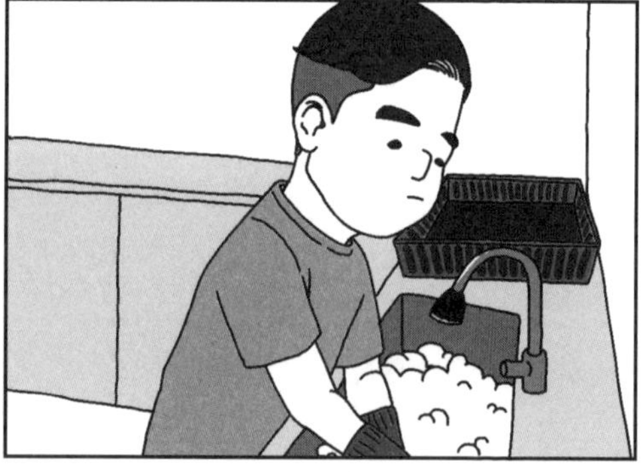

나 설거지 다 했어
도와줄게

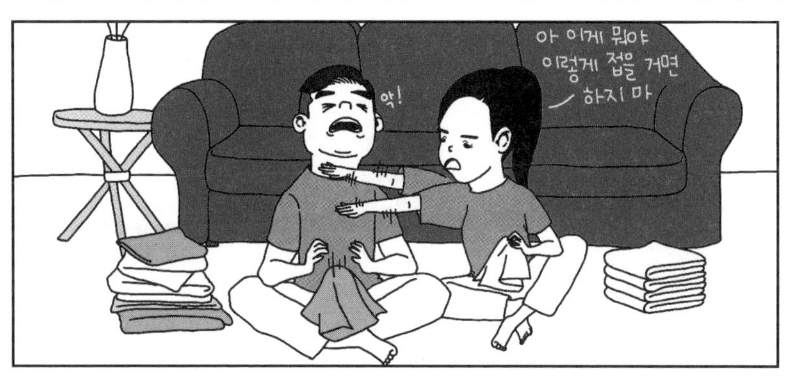
아 이게 뭐야
이렇게 접을 거면
하지 마
악!

다했다!!

그래
과일 먹을래?

물어보고, 시키는 것만 제대로 하라

몸과 마음을 바쳐 열심히 최선을 다했음에도 불구하고 칭찬은커녕 욕만 먹는 일 만큼 억울한 일이 없다. 싱크대의 그릇들을 광이 나도록 닦아 완벽히 엎어 놨다고 생각했는데, 엉망이라며, 기름때가 제대로 닦이지 않았다며 핀잔을 들으면 힘이 빠진다. 화가 나지 않으면 다행이다. 결코 두 번 다시는 하지 않겠다는 생각이 절로 들 것이다. 열심히 집안 구석구석 청소기를 돌렸는데, 머리카락이 아직 굴러다닌다며 핀잔, 냉장고 옆 틈은 왜 하지 않았냐며 핀잔이다. 빨래를 정리해 서랍에 넣었는데, 엉망으로 넣었다고 핀잔, 종량제 쓰레기봉투가 가득 찬 것 같아서 묶어 버렸는데, 아직 더 넣을 공간이 있는데 왜 하지 않던 일을 하냐며 핀잔이다. 그 정도면 차라리 다행이다. '한 푼이라도 아끼기 위해서 집에서 얼마나 노력을 하는데 하지 않던 일을 해서 사고를 치냐'고 하면 다

“ ”

시 날카로운 말로 받아치고, 불이 붙고 잠시 묻어 두었던 과거의 온갖 일들이 소환되어 전쟁이 발발한다.

군대에 다녀온 사람이라면 알 것이다. 어떤 일을 해야 할지, 하지 말아야 할지 모르겠다면, 물어보고 판단하는 것이 정답이다. 물어볼 상황이 아니라 직접 판단을 해야 한다면 그냥 하지 않는 것이 무사고 365일을 달성하는 지름길이다. 아예 명확하게 몇 가지 역할을 정하는 것도 좋다. 음식물 쓰레기는 아침 출근하며 버린다든가, 재활용 쓰레기는 일주일에 한 번 퇴근 후 분류해서 버리는 것은 뭔가 고정적으로 돕고 있다는 인식, 나아가 가사를 분담하고 있다는 인식을 심어줄 수 있다.

부부 싸움 핵폭탄을 피하는 방공호: 싱크대와 화장실

일주일 중 최소 5일, 하루 중 대부분의 시간을 직장에서 보내는 우리에게 집에서 보내는 시간은 매우 소중하다. 그런데 솔직히 말하면 퇴근길에 집에 가도 편하리란 생각이 들지 않을 때가 있다. 아이와의 어수선한 저녁식사, 식사 내내 이어지는 아내의 잔소리, 피곤해서 TV 또는 스마트폰을 보며 좀 쉬려는 찰나에 또 한차례 쏟아지는 잔소리가 싫어서, 따가운 눈총을 받기가 싫어서 주차장이나 놀이터에 앉아 조용히 혼자만의 시간을 갖고 집에 가곤 한다. 결혼 이후 가장 힘든 것은 철저히 혼자만의 시간을 갖기가 어려워진다는 사실이다.

평상시에도 혼자만의 시간을 갖기 어렵고 불편한데 부부 싸움을 한 뒤라거나, 혹은 서로 예민한 상태에서 부딪힐 만한 상황이 되면 편히 앉거나, 혹은 누워서 쉴만한 공간이 없다. 아이라도 있는 상황이라면, 육아에 대한 부담을 내버려 두고 나가서 혼자만의 시간을 갖겠다고 하는 것도 싸움의 단초가 된다.

결국 잔소리 세례와 따가운 시선을 피하기 위해선 앞서 얘기한 대로 조용히 집안일을 하거나, 설거지를 하는 게 좋다. 이때는 그저 집안일 자체에 열중하며 상념을 떨치면서 생산적인 일을 한다는 점에서 비난의 여지를 주지 않는다. 물론 바닥에 물을 잔뜩 흘린다든지 하는 '과정에서의 실수'는 금물이다. 가장 단순하고 생산적인 일이 가장 안전한 일이다. 완전히 혼자가 될 수 있는 안전한 공간은 바로 화장실이다. 적어도 샤워를 하거나 용변을 볼 때는 건드리지 않는다. 결혼 후 앉아서 소변을 보는 습관을 들이는 남자들이 많아지고 있다. 본래 용무뿐 아니라 스마트폰을 보거나, 혼자만의 사색을 하는 등 철저히 혼자인 시간을 즐길 수 있게 된 것이다. 아이러니하지만 때론 변비가 반갑기도 하다. 조급하지 않게 화장실에서의 시

간을 온전히 즐길 수 있다.

아무 소리도 듣지 않고 고요하게 혼자만의 시간을 보내고 싶은, 철저히 고독하고 싶은 욕구가 결혼 후에는 커진다. 나만의 방도 없고, 나만의 시간을 보내고 있는 것에 괜히 눈치가 보인다. 아이가 있다면 방치하는 느낌이고, 아내도 함께 시간을 보내지 않으면 서운한 감정을 느낀다. 각자 혼자의 시간을 보내는 것을 존중하는 이들끼리 만나 결혼했다면 이 문제에서 자유로울 수 있지만 연구소가 파악한 바로는 아내의 경우 대부분 남편이 집에서 혼자 따로 시간을 보내는 것에 부정적인 반응을 보였다.

결혼하지 않으면 이혼하지 않는다는 말처럼, 싸움은 둘의 마주침과 대화가 없으면 발발하지 않는다. 싸움이 잦았던 부부의 경우 남편은 방어적으로 대화와 마주침을 피하려는 행동을 보인다. 상황이 조금 나아졌다고 생각해서 몇 마디 꺼냈다가 그것이 과거의 싸움을 재생시켜 다시 부부 싸움 속으로 몰고 가는 경우도 허다하다. 꺼진 불도 다시 봐야 한다. 지나간 싸움을 과거로 생각하고 넘겨버린 남편과 달리, 아내에겐 반복되는 남편의 실망스러운 모습일 뿐이다. 오늘 벌어진 일이 지나간 서운함 리스트에 포함되어 이 리스트 전체를 두고 싸움을 복기하는 형국이 된다. 시간이 흐를수록 리스트는 풍성해지기만 할 뿐이다.

결국 남편은 다시 혼자 있고 싶어지며, 선택하기 쉽지 않은 이혼을 생각한다. 끝나지 않는 반복되고 지루한, 같은 주제의 싸움은 사람을 지치게 만든다. 대꾸를 하지 않고 반응을 하지 않는 게 상책이다. 서로 혼자 차분하게 생각할 시간을 갖는 게 좋다. 그러기 위한 공간이 없다면, 싱크대로 가거나, 화장실로 가라. 집안일하는 사람을 붙잡고 늘어지기도, 생리적 용무를 보는 사람을 끌어내지도 못하니까.

연구소가 파악한 한 사례에 따르면 아예 집 근처 건물의 깔끔한 공용 화장실을 다녀오는 남편도 있었다. 집 인근 헬스장을 이용하고 샤워하며 자기만의 시간을 보내기도 한다. 부부 싸움을 피하기 위한 최상책은 서로 접촉점을 줄이는 것이고, 혼자만의 공간을 갖는 것이다. 특히 서로에게 날이 선 상황이라면 각자의 공간과 시간은 더욱 필요하다. 눈에서 멀어지면 마음에서도 멀어진다. 싸움도 그렇다. 많이 보이고, 많이 말하면, 싸울 거리도 늘어난다. 야속한 얘기지만 부부의 애틋함은 서로 자주 보지 못하고 그리워야 증폭된다. 사람은 본디 각자가 너무 다르기 때문에 함께 모든 시간을 보내면 불편할 수밖에 없다. 그 불편함 자체가 싸움의 단초가 되기도 한다. 그러니, 반드시 혼자만의 방공호가 필요하다.

으 에에엥
3:00A

구에에엥

나 회사 다녀올게

뿌에엥
나왔어 자기야

나 운동 간다

뿌에엥
뿌에엥

혼자만의 시간과 장소 만들기

오직 나만 알 수 있는 비밀의 공간, 오롯이 나를 위한 시간을 만들 수 있다면 부부생활은 더욱 평화로워질 것이다. 개인 공간과 시간을 가지면 서로를 향한 날카로운 마음도 조금 누그러뜨릴 수 있다.

화장실도 좋은 방공호가 될 수 있지만 결혼 후 시간이 지나다 보면 아내도 눈치를 챌 수 있다. 퇴근 후 주차장에 차를 주차하고 10분 정도 홀로 숨을 쉴 수 있는 시간도 좋다. 어차피 집으로 가면 쓰러져 잠들기 전까지는 묶인 몸이다. 집에 가면 회사가 그립고, 회사에 가면 집이 그리운 이유다. 어차피 주말에도 집에서 쉬지는 못한다. 집과 회사 사이의 시간과 공간에서 나만의 자유를 창조해야 한다. 야근을 핑계로 회사에 남는 것도 방법이다. 딱히 일이 없더라도 말이다. 내 일을 위해 잔무를 하는 자연스러운 상황이 펼쳐질 수 있겠지만 업무 시간에 비해 여유롭고, 집에서 잔소리를 듣는 것보다 평화로울 것이다. 물론 회사에 남는 것도 눈치가 보일 수 있다. 그래, 차라리 회사 근처 헬스장을 등록하고 러닝머신을 뛰자. 가족을 오래 지키기 위해 건강을 챙긴다고 하면 크게 뭐라고 하지 않을 것이다.

물론 아내의 건강도 챙겨야 한다. 비타민 한 통을 선사해도 좋고, 낮 시간에 이용할 수 있도록 동네 헬스장을 등록해 줘도 좋다. 굳이 헬스장을 같이 다니자고 할 수도 있다. 회피는 쉬운 것이 아니다. 머리를 잘 굴려보라. 그렇다고 다른 사랑을 만나지는 말자.

분노가 밀려오면, "집을 나가라. 쓰레기봉투를 들고"

"일단, 나가서 식히고 돌아오세요."

싸움이 잦아지는 부부에게 가장 빈번하게 드린 조언은 '일단 자리를 피하라'는 것이었다. 서로 흥분한 상태에서 서로의 논리를 주장해봤자 감정의 골만 더 깊어진다. 확전의 명확한 전조다. 이럴 땐 둘 중 하나가 집 밖으로 나가서 접촉점을 없애는 것이 좋다. 전장이 사라지면 온라인에 불이 붙을 것이다. 메신저를 통해 메시지가 쏟아지는 것이 다음 순서다. 일단 보지 않고 시간을 두는 편이 좋다.

단어 하나하나에 감정이 실려 비수가 되어 날아들기에 반격하고 싶은 마음이 꿈틀거리기 때문이다. 어느 한 쪽의 잘못으로 싸움이 되는 경우는 없다. 일방적으로 잘못한 쪽이 있다면 한 쪽이 사과하고, 한 쪽이 용서하는 구도가 될 텐데, 싸움이 됐다면 서로의 입장 차이가 분명한 것이다.

이러한 입장 차이를 좁히기 위해선 둘 다 이성적으로 차분히 생각할 수 있어야 한다. 기분이 좋을 때 이야기해도 설득이 쉽지 않은데 부정적 감정이 사고를 지배하고 있을 때라면 씨알도 먹히지 않을 것은 물론, 본전도 찾지 못한다. 싸움의 발단이 누구인가와 관계없이 감정이 차오르면 분노가 높아져 이혼이라는 극단적인 생각으로 이어질 수 있다. 나 자신도 냉정한 사고를 할 수 없는 지경이 되는 것이다. 이때 집에 아이라도 있다면 문제는 더 커진다. 어른 간의 감정의 골은 나중에 봉합이 될 수도 있지만, 부모의 격한 싸움을 직접적으로든, 간접적으로든 경험한 아이들에겐 씻을 수 없는 상처와 트라우마로 남는다. 이후 아이가 인생을 살아가는 데 있어서, 성격 형성에도 지대한 악영향을 미친다. 남편과 아내, 아이 모두를 생각했을 때, 싸움 발생 시 가장 좋은 방법은 자리를 피하는 것이다. 감정을 식히고 이성이 고개를 들 수 있도록 여유를 주자. 손자병법에서 주목해야 할 36계도 '줄행랑'이다. 결코 상황을 피하거나, 도망치는 것이 아니라 차분히 추스르고 후일을 도모하는 것이다.

주의해야 할 것은 싸워서 집을 나간다는 인상을 주지 않는 것이다. 문을 쾅 닫고 욕하며 나가거나, 확전을 야기할 수 있는 제스처를 취하지 말아야 한다. 전화가 걸려오는 게 좋지만 조절할 수 없는 부분이니, 음식물 쓰레기나 일반 쓰레기봉투가 적당히 차 있다면 이걸 자연스럽게 버리러 나가는 척하면서 동네 한 바퀴를 돌며 생각을 정리하는 게 좋다. 처치가 곤란한 음식물 쓰레기를 먼저 챙겨 버리는 것은 긍정적인 인상을 줄 수 있으며, 집을 나가는 게 아니라 쓰레기를 처리하러 나갔다 온다는 인상을 줄 수 있다. 나간 김에 업무 연락이 와서 통화를 하다 돌아왔다는 것을 간접적으로 알리는 방법도 있다. 주차장에 있는 차에 무언가를 두고 왔다며 나가는 것도 괜찮고, 차가 더럽다며 세차장으로 향하는 것도 나쁘지 않은 선택이다.

너무 오랜 시간 자리를 비우면 그것대로 또 다른 싸움의 빌미가 될 수 있으니 적당히 20~30분 정도 밖에서 시간을 보내고 돌아오

자. 아내도 그 시간 동안 어느 정도 흥분이 가라앉을 것이다. 돌아올 때 아내가 평소 즐겨 먹던 주전부리를 사 오는 것도 나쁘지 않다. 아내가 어떤 부분에서 감정이 상했는지 되짚고 돌아온 뒤에는 그 부분을 중점으로 먼저 사과하고 차후에 자신의 감정과 입장에 대해 말해도 늦지 않다. 오해가 있는 부분만 잘 설명한다면 문제는 의외로 생각보다 쉽게 풀릴 수 있다.

물론, 모든 사안에서 내가 먼저 물러서야 하는 것은 아니다. 생각을 정리하고 난 뒤에 냉정하고 차분한 자세로 이상적인 해결책을 찾는 것이 36계 줄행랑의 본질이며 목적이다. 반대로 같은 목적으로 상대가 자리를 피하려 할 수도 있다. 적당히 서로를 이해하고 배려해야 한다.

싸움을 촉발한 감정을 건드린 일이, 그 감정 자체가 주인이 되어 싸움을 크게 만들고, 본래 싸우게 된 원인을 넘어선 거대한 불화로 이어지는 것을 막아야 한다. 서로의 성격 차이와 생각 차이가 극심하다면 이혼을 선택할 수도 있지만, 순간의 감정에 휩쓸려 굳이 이혼까지 가지도 않아도 될 사안으로 영원한 이별의 결정을 내리는 것은 서로의 인생에도 불필요한 소모다. 물론, 계속 불행하게 함께 사는 것도 인생의 낭비가 될 수 있지만, 내가 놓친 것이 있는지 돌아보는 시간을 갖는 것은 결코 손해를 볼 만한 일은 아니다.

나왔어

왜 그랭

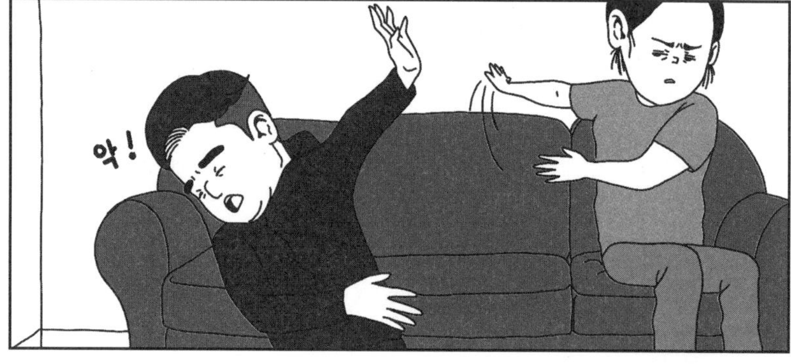
악!

아 뭐야 왜 이러는데

지금 뭘 잘못했는지도 몰라?

몰라 !!!!
그러니까 말해보라고

아니 말해보라니까
왜 울어?
내가 잘못한 것처럼

아 됐어 !!!!
지금 말하고 싶지 않아

쾅 !

. . .

피할 수 없다면, 그냥 싸워라

싸움의 이유를 찾는 것은 무의미한 일이다. 누가 원인을 제공했는지를 찾기 위한 싸움은 없다. 감정이 휘몰아치고 결국 과거의 일들까지 싸움의 재료로 쓰인다. 자리를 피할 수 없을 만큼 전장이 불타올랐다면 결국 싸워야 한다. 화해, 파탄, 보류 등 어떤 결론이 날지는 모르겠지만, 싸움의 과정 역시 중요하다. 지켜야 할 것들을 서로 지키는 것이 좋다. 손찌검을 하거나, 직접적이지 않더라도, 가구나 집기 등 가구를 파손하는 폭력적 행동은 하지 말아야 한다. 쇠고랑을 찰 수 있는 일이며, 추후 모를 이혼 소송에도 악영향을 끼친다. 언어폭력 역시 마찬가지다. 감정을 불타오르게 하는 소재가 될 뿐이다. 어떤 이들은 부부 싸움을 해도 절대 각방을 쓰지 않는 등의 약속을 미리 하는 경우도 있다. 몸이 멀어지면 마음이 멀어지는 것은 당연한 일이다. 한 번 각방을 쓰다 보면 큰 싸움

“ ”

이 아니더라도 각방을 쓰는 게 익숙해지고 결국 혼자가 편해진다.

싸움의 과정에서 종종 가족, 친구, 직장동료 등이 등장하는 경우가 있다. 특히 가족의 경우 가장 치명적이다. 둘만의 싸움이 아니라 집안의 싸움이 된다. 당사자가 아니라면, 결국 한쪽의 입장만 전달되고, 결코 객관적인 판단이 나올 수 없다. 불타오르는 감정에 부채질만 할 뿐이다.

마지막으로 중요한 것은 끝맺음이다. 결론을 내지 않은 채 하루, 이틀, 일주일, 보름, 한 달을 보내는 경우도 있다. 이 경우 답답함에 한쪽이 먼저 대화의 물꼬를 트고, 화해를 하고, 그렇게 싸움을 종결한 것으로 오해를 하는 경우가 있다. 수면 아래의 감정은 그대로 둔 채 말이다. 결국 이는 다음 싸움의 재료로 소환된다. 악순환의 반복이다. 감정을 조금 누그러뜨릴 수 있을 만큼의 시간이 흘렀다면 자신의 잘못과 노력을 이야기하고, 서로 이해할 것을 다짐하며 화해하자.

악행의 도서관: 당신에겐 종전의 권한이 없다

"몇 년 전 그때 말이야… 나는 그때만 생각하면 아직도…."

얼마 만에 찾아온 평온일까? 다툼 없이 1,2주가 지나고 보니 결혼 생활도 이제는 할 만해졌다는 생각이 들 때쯤, 전쟁은 다시 시작된다. 그렇게 재발에 재발을 거듭하는 싸움은 결국 이혼을 고민하게 되는 가장 큰 사유가 된다. 매번 같은 이유로 싸우다 보면 일정한 패턴이 생기고, 지루해지고, 신물이 난다. 결국 "아무리 봐도 우린 맞지 않아"라는 결론에 이른다. 최선을 다해 살고 있는 하루하루가, 이미 지나간 싸움의 잔해물로 인해 무너질 수 있다는 게 느껴질 때쯤, 이제 다 소용없다는 자포자기의 심정이 된다. 이쯤 되면 내 의지와 노력과 관계없이 이 전쟁이 끝나지 않을 것이라는 절망감이 들고, 그러면 많은 것을 포기하더라도 지속하고 버텨내기 어렵다는 생각에 이르게 된다.

보편적으로 남성이 여성에게 구애를 하는 형태로 연애가 성사되고, 남성의 프러포즈를 여성이 수락하는 형태로 결혼 약속이 이뤄지는 현 사회의 특성을 생각하면 싸움의 화해 과정도 같은 맥락으로 그려볼 수 있다. 부부 사이에 발생하는 싸움 중 대부분은 서로를 존중하고 배려하고 이해하는 것을 통해 넘어갈 수 있는 문제다. 예외적으로 가정폭력이나 도박, 외도 등 법적으로 이혼 사유가 될 수 있는 문제라면, 참고 넘어가는 것이 더 큰 문제가 될 수 있다. 그게 아닌 싸움의 결말은 대개 남성의 사과와 여성의 물러섬의 어느 중간 지점이다. 그런데 남성이 더 이상 사과하고 화해하고자 하는 의지를 보이지 않게 될 경우, 종전은 어려워진다. 부부 싸움이 끝나지 않으면, 부부 관계가 끝난다.

이미 지나간 잘못과 그로 인한 다툼이 현재에 재발하지 않는 와

중에 싸움의 단초가 되는 배경에는 주변인들의 영향이 있다. 인간은 망각의 동물이라 안 좋은 기억은 되도록 잊고 살도록 되어 있다. 그래서 부모와 사별 등 극심한 정신적 고통을 안긴 사건을 겪고도 다시 살아갈 수 있는 것이다. 하지만 이러한 감정 체계에 타격을 입히는 것이 우울증이라는 정신과적 질환이다. 분노의 기억, 상처의 기억에서 회복되지 못하고, 헤어나지 못하며 우울감이 지속되는 증상이다. 특정한 장소, 특정한 장면, 특정한 냄새 혹은 음악이 추억을 떠오르게 하듯, 과거 부부 싸움의 기억을 되살리도록 하는 상황은 마치 악행의 도서관이 있는 것처럼 부부 사이를 공격한다. 이 과정에는 주변 사람들의 영향이 크다.

특히, 스마트폰이 일상화된 요즈음 시대의 '단톡방'과 '페이스북', '인스타그램' 등 자기 자신을 과시하기 위한 각종 소셜 미디어와 자신의 불만을 토로하는 메신저 그룹 채팅은 정서적으로 순기능 보다 역기능이 더 많기도 하다. 인간은 누구나, 본질적으로 자기중심적이며, 자신의 상황에 대해 온전한 진실을 말하지 않는다. 모든 메시지에는 의도가 있으며, 이 의도는 주변인들에게 또 다른 영향을 미친다. 그냥 넘어갈 수 있는 문제도 "어떻게 그걸 그냥 넘어갈 수 있냐?"라는 지인의 한 두 마디에 영향을 받아 싸움으로 번지기도 하고, 내가 당했던 설움과 분노를 연상케 하는 일화를 전해 듣는 것으로 과거의 감정이 되살아나기도 한다.

이렇게 전쟁이 영원히 지속될 수 있다는 생각에 미치면 부부 관계는 파탄의 지경에 이른다. 이때는 끝없는 물러섬이 아닌 허심탄회한 대화와 더불어, 확실한 선 긋기가 필요하다. 이러한 상황에 직면했을 때 과거 싸움의 방식을 답습하지 않고 상대의 감정을 돌볼 수 있는 성숙한 자세로 다시 발발한 전쟁을 조기 종식시키기 위한 노력도 필요하다. 끝끝내 이러한 괴로운 전쟁이 이어진다면 최후의 결심을 해야 할 수도 있다. 오히려 이러한 결심을 하고 나면 종전을 위해 보다 차분하고 냉정한 대응이 가능해진다. 초연함과 의연함은 전쟁에 나설 때 가장 강력한 무기가 된다. 배수의 진을 치고, 마지막 전쟁이라는 생각이 들면 오히려 감정을 통제하는 데 용이해질 수 있다.

누구도 전쟁을 원하지 않는다. 평화와 번영을 바라는 마음은 서로 마찬가지다. 그렇다면 이성적으로나 감정적으로 모두 최선책을 찾기 위해 노력해야 한다. 나의 마음을 솔직하게 이야기하고, 상대의 이야기를 진심으로 들어준다면, 악행의 도서관에서 빠져나와 새 출발이 가능할 수도 있다. 물론 서로 타고난 성격과 과거가 있기 때문에 영원히 평화가 이어지리라 기대하는 것도 너무 이상적이다. 현실을 인정하고, 각자의 삶에서 최선을 추구하다 보면, 마치 한발 물러섬으로 두 발 앞으로 나아가는 것과 같은 희망적인 국면을 맞이할 수 있을 것이다.

오늘 많이 힘들었어?

내가 너무
안 도와줬나?

앉아봐. 도와주다니
이게 다 나 혼자 해야
하는 일이야?

난 새벽에깨서 하루종일 애기보느라밥도
제대로 못먹었고 씻지도 못했어
하루종일 빨래에 설거지까지
바쁘고 힘들었다고
나도 나가서 운동도 하고싶어
왜 오빠만 생각해?
왜 그러는 거야 정말?

미.. 미안해
내가 너무 몰랐네..

너무너무 미안해
나도 다 말하고 나니까
속 시원하네

감사함과 미안함, 반성하고 또 반성하라

모든 다툼에는 원인이 있다. 그런데 이상하게도 부부 싸움에서의 원인은 명확히 찾기 힘들다. 인간은 늘 남의 티끌을 보고, 남의 탓을 하는 습성을 가지고 있다. 자신의 잘못을 인정하는 것은 어려운 일이다. 싸움의 원인을, 잘못의 원인을 자신에게서 찾는 것, 그것을 고백하는 것은 어려운 일이다. 어쩌면 사회의 분위기가 그렇게 만들었을 수도 있다. 남을 이기고, 짓밟아야 올라설 수 있는 세상이라고, 어려서부터 대부분 그런 교육을 받는다. 나의 약점이 노출이라도 되면 더욱 윽박을 지르고 분노하는 모습을 보여야 가리고 숨길 수 있다. 내면에는 내가 상대방보다 더 잘났다는, 내가 더 옳다는 인식이 깔려있는 것이다. 내가 먼저 물러서면 내가 손해고, 상대가 물러서면 더욱 강하게 밀어붙여야 이길 수 있다.

험난한 세상에서 나의 잘못을 먼저 찾고 반성

“”

하는 것은 너무도 어려운 일이다.

하지만 부부라면 다를 수 있다. 치열한 생존경쟁이 펼쳐지는 관계가 아니기 때문이다. 자신의 부족함을 인정하고, 상대방의 존재 자체가 감사함을 되새기는 것이 어떨까? 미움과 원한은 불행의 지름길이다. 내가 더 겸손해지고, 상대를 존중할 수 있다면, 아름답고 행복한 결혼생활을 영위할 수 있을 것이다. 상대방의 거대한 잘못보다, 나의 티끌 같은 잘못을 먼저 반성하는 습관은 어렵지만, 한 번 익숙해지면 값어치를 따질 수 없는 행복의 씨앗이 될 것이다.

생존자의 증언 "결혼? 판타지는 없지만 살만하다"

여러분도 그렇겠지만, 명랑행복부부연구소의 연구원들도 포털 사이트 검색 창에 '이혼'이라는 단어를 넣고 타인들의 사례, 법적 분쟁에 대비하는 각종 정보를 찾아본 날이 셀 수 없이 많다. 모든 상황은 공감되는 부분도 있는 반면, 개별적이기도 하다. 어떤 선택이 절대적으로 옳을 수는 없다. 연구 과정에 이혼 후 더 행복해진 경우도 적지 않고, 위기를 극복하고 평화로운 가정을 되찾은 경우도 많다.

중요한 것은, 어느 쪽에도 우리가 상상하고 기대하는 판타지는 없다는 것이다. 수많은 밤을 지새우게 만든 고민의 끝에 '살만하다'는 한 마디가 나올 수 있다면, 무의미한 시간은 아니라고 생각한다. 결혼의 생존자가 되었든, 아니면 이혼을 통해 다시 혼자만의 삶을 살게 되었든, 평안을 찾았다면 그것이 최선이다.

이혼은 가급적 차선책이다. 나는 어려서부터 이별이 끔찍이도 싫었다. 가족과 친구라면, 서로 어긋나고 갈라서도 얼굴을 볼 일이 있는데, 서로의 짝이 유일해야만 하는 연인, 그리고 부부는 갈라서면 다시는 볼 수 없는 사이가 된다. 어쩌면 그 자체가 강박이고 속박이 되는 것이다. 결혼이라는 제도 자체를 부정하고, 현대 사회의 남녀평등을 위한 다양한 제언이 나오고 있다. 호주제는 이미 폐지된 지 오래다. 하지만 관습과 관념이 완전히 사라지기는 어렵다. 아마 꽤 오랜 시간이 흐른 뒤에는 결혼과 부부 사이에 대한 인식도 많이 달라질 테지만, 그때를 기다리는 것은 지금 우리가 가진 문제를 해결하는 데 전혀 도움이 되지 않는다.

싸우고 싶은 사람은 없다. 불행하고 싶은 사람도 없다. 우리 모두 명랑하고 행복한 삶을 원한다. 그러기 위해선 서로의 노력이 필요하다. 상대가 먼저 노력해 주길 바라기보다 내가 먼저 노력할 수밖에 없다. 가는 말이 고와야 오는 말이 곱다고, 먼저 덤벼오는 상대를 차분하고 여유 있게 대처하기란 쉬운 일이 아니지만, 이 책을 통해 유의미한 팁을 얻어 가신다면 좋겠다.

명랑행복부부연구소는 결혼의 지속, 이혼의 권장 등 어떤 것도 지향하지 않는다. 그저 이 땅의 부부들이 명랑하고 행복한 길을 찾기 위한 길라잡이가 되고자 한다.